Maximilian Schmidt

Konzeption und Einsatzplanung flexibel automatisierter Montagesysteme

Mit 108 Abbildungen

Springer-Verlag

Berlin Heidelberg New York London Paris Tokyo Hong Kong Barcelona Budapest 1992

Dipl.-Ing. Maximilian Schmidt
Institut für Werkzeugmaschinen und Betriebswissenschaften (iwb), München

Dr.-Ing. J. Milberg
o. Professor an der Technischen Universität München
Institut für Werkzeugmaschinen und Betriebswissenschaften (iwb), München

D 91

ISBN-13: 978-3-540-55025-9   e-ISBN-13: 978-3-642-77217-7
DOI: 10.1007/978-3-642-77217-7

Gesamtherstellung: Hieronymus Buchreproduktions GmbH, München
2362/3020-543210

Geleitwort des Herausgebers

Die Verbesserung der Fertigungsmaschinen, der Fertigungsverfahren und der Fertigungsorganisation im Hinblick auf die Steigerung der Produktivität und die Verringerung der Fertigungskosten ist eine ständige Aufgabe der Produktionstechnik. Die Situation in der Produktionstechnik ist durch abnehmende Fertigungslosgrößen und zunehmende Personalkosten sowie durch eine unzureichende Nutzung der Produktionsanlagen geprägt. Neben den Forderungen nach einer Verbesserung der Mengenleistung und der Arbeitsgenauigkeit gewinnt die Steigerung der Flexibilität von Fertigungsmaschinen und Fertigungsabläufen immer mehr an Bedeutung. In zunehmendem Maße werden Programme, Einrichtungen und Anlagen für rechnergestützte und flexibel automatisierte Produktionsabläufe entwickelt.

Ziel der Forschungsarbeiten am Institut für Werkzeugmaschinen und Bertriebswissenschaften der Technischen Universität München (iwb) ist die weitere Verbesserung der Fertigungsmittel und Fertigungsverfahren im Hinblick auf eine Optimierung der Arbeitsgenauigkeit und Mengenleistung der Fertigungssysteme. Dabei stehen Fragen der anforderungsgerechten Maschinenauslegung sowie der optimalen Prozeßführung im Vordergrund. Ein weiterer Schwerpunkt ist die Entwicklung fortgeschrittener Produktionsstrukturen und die Erarbeitung von Konzepten für die Automatisierung des Auftragsdurchlaufs. Das Ziel ist eine Integration der technischen Auftragsabwicklung von der Konstruktion bis zur Montage.

Die im Rahmen dieser Buchreihe erscheinenden Bände stammen thematisch aus den Forschungsbereichen des iwb: Fertigungsverfahren, Werkzeugmaschinen, Fertigungs- und Montageautomatisierung, Betriebsplanung sowie Steuerungstechnik und Informationsverarbeitung. In ihnen werden neue Ergebnisse und Erkenntnisse aus der praxisnahen Forschung des iwb veröffentlicht. Diese Buchreihe soll dazu beitragen, den Wissenstransfer zwischen dem Hochschulbereich und dem Anwender in der Praxis zu verbessern.

Joachim Milberg

Vorwort

Die vorliegende Dissertation entstand während meiner Tätigkeit als wissenschaftlicher Mitarbeiter am Institut für Werkzeugmaschinen und Betriebswissenschaften (iwb) der Technischen Universität München.

Mein besonderer Dank gilt Herrn Professor Dr.-Ing. J. Milberg, dem Leiter des Instituts, für seine wohlwollende Unterstützung und die großzügige Förderung, die entscheidend zur erfolgreichen Durchführung dieser Arbeit beigetragen hat.

Herrn Professor Dr.-Ing. Klaus Ehrlenspiel, dem Leiter des Lehrstuhls für Konstruktion im Maschinenbau der Technischen Universität München danke ich für die Übernahme des Koreferates und die kritische Durchsicht der Arbeit.

Bei allen Mitarbeiterinnen und Mitarbeitern des Instituts sowie allen Studenten, die mich bei der Erstellung der Arbeit unterstützt haben, bedanke ich mich recht herzlich.

München, im November 1991   Maximilian Schmidt

Inhaltsverzeichnis

Formelzeichen und Abkürzungen

Abkürzung	Bedeutung	Einheit
AV	Anzahl der Vorgangsdurchläufe	
B	Breite	m
BKP	Betriebskostenprozentsatz	
CCD	Charge coupled device	
D	Durchmesser	m
DIN	Deutsche Industrie Norm	
DM/STK	DM pro Stück	
E	Energie	J
f	Funktion	
F	Kraft	N
FG	Freiheitsgrad	
FKZ	Fremdkapitalzins	%
F_N	Normalkraft	N
FTS	Fahrerloses Transportsystem	
g	Erdbeschleunigung	m/s^2
H,h	Höhe	m
HdA	Humanisierung der Arbeit	

Abkürzung	Bedeutung	Einheit
I	Stromstärke	A
IP	Investitionspotential	DM
JS	Jährliche Kostensteigerung	%
KP	Kostenpotential	DM
L	Länge	m
m	Masse	kg
M	Moment	Nm
MIA	Montage-Ist-Analyse	
p	Druck	bar
PB	Personalbindung	
PLZD	Produkt-Lebens-Zyklusdauer	Jahr
r_a	Äußerer Krümmungsradius	m
s	Weg	m
SL	Stundenlohn	DM/h
STE	Stückzahl pro Jahr	
T	Temperatur	K
t	Zeit	s
TDM	Tausend DM	
U	Spannung	V
v	Geschwindigkeit	m/s

Abkürzung	Bedeutung	Einheit
V	Volumen	m^3
VDI	Verein Deutscher Ingenieure	
VZ	Vorgangszeit	s
WIM	Wirtschaftlichkeitsrechnung in Montageplanungen	
WT	Werkstückträger	
WZ	Wertzuwachs	DM

1 Einleitung

1.1 Situationsanalyse am Beispiel der Feinwerktechnik

Eine Analyse der Situation und Struktur von Betrieben mit schwerpunktmäßiger Produktion von elektromechanischen und feinwerktechnischen Produkten zeigt, daß der Automatisierungsgrad in den einzelnen Produktionsbereichen durchaus unterschiedlich ist /1/. Während auf dem Gebiet der Fertigung und des Prüfwesens vielfältige Ansätze und Erfolge der Rationalisierung durch Automatisierung zu registrieren sind, und auch der Gedanke von CIM ansatzweise realisiert wurde, ist dies in der Montage nur in Ausnahmefällen zu finden. Der Automatisierungsgrad ist in der Montage im Durchschnitt erheblich geringer als beispielsweise in der Teilefertigung. Bei näherer, vergleichender Betrachtung der Produktionssituation lassen sich hierfür drei Hauptgründe nennen :

- Die Montageaufgaben sind sehr viel komplexer als Aufgaben in der Teilefertigung. Die Aufgaben der Montage sind außerdem nicht so gut und so übersichtlich strukturierbar und damit nicht so gut in Rechneralgorithmen implementierbar.
- Die Montage befindet sich am Ende des Auftragdurchlaufs und stellt damit ein Sammelbecken aller Fehler der Vorstufen dar. Alle Probleme der Produktstrukturierung sowie der Teilegenauigkeit, falsche Mengen und Termine wirken sich in der Montage aus.
- Automatische Montageanlagen sind sehr komplex und deshalb häufig mit Maschinen- und Prozeßstörungen behaftet.

Montageautomatisierung ist also nicht nur ein technisches Problem der Werkstattebene, sondern in hohem Maße auch eine organisatorische Aufgabe /34/.

Trotz vielfältiger Automatisierungsbestrebungen in der Produktion besteht in der Montage weiterhin ein erhebliches Rationalisierungspotential /6,34/. Darauf weist auch die Beobachtung hin, daß, wie Bild 1.1 belegt, in vielen Fällen die anteiligen Personalkosten für die Montage erheblich höher sind als für die Teilefertigung. Der relativ hohe Anteil der Lohnkosten in der Montage, beziehungsweise deren Einsparung, ist bisher oft der einzige quantifizierbare Grund für eine Vielzahl von Automatisierungsvorhaben.

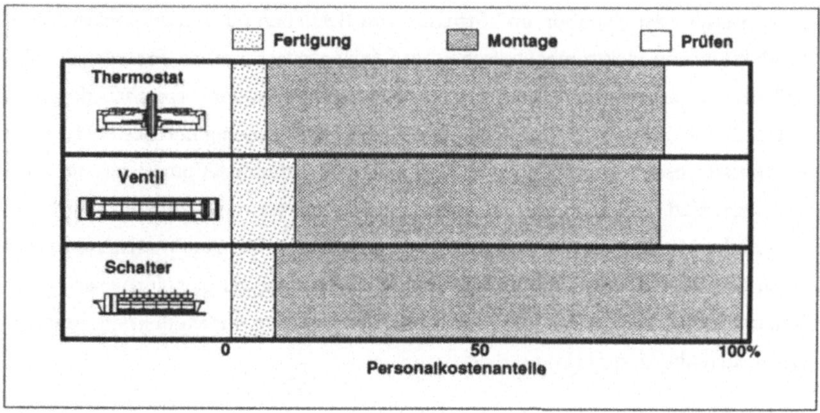

Bild 1.1: Personalkosten ausgewählter Produkte /28/

Das Ziel einer Kostensenkung sollte jedoch primär auf eine Reduzierung der Gesamtkosten gerichtet sein. Diese bestehen, neben den reinen Lohnkosten, unter anderem aus den Aufwendungen für Produktentwicklung, Anlagenplanung, Rohmaterial, Materialfluß, Maschinenbetrieb und Qualitätsprüfung.

Um zielgerichtet Kostenschwerpunkte und einflußnehmende Zusammenhänge zu erkennen, ist es nötig im Rahmen einer ganzheitlichen Betrachtung vorzugehen. Hierbei sollten in der gesamten Entwicklungs- und Montagefolge, für alle kostenverursachenden ein- und ausgehenden Produkte und Prozesse, die Kostensenkungspotentiale in der Montage lokalisiert, berechnet und genützt werden. Es erscheint bei diesem Vorgehen notwendig, alle Planungs- und Produktionsbereiche gemeinsam zu analysieren und in den Schwerpunkten der Kostenpotentiale, z.B. auf den folgenden Gebieten, Fortschritte zu erarbeiten:

- Verbesserung der Gestaltung und der Strukturierung der Produkte,
- Verbesserung der Planungssicherheit und Planungsproduktivität,
- Verbesserung des Erkenntnisstandes über Montageprozesse und Verbesserung der Montageabläufe /2/,
- Verbesserung des Materialflusses durch Reduzierung der Lager- und Liegezeiten,
- Verbesserung der Leistungsfähigkeit, Zuverlässigkeit und der Wirtschaftlichkeit der Montagesysteme /34/.

Die Maßnahmen zur Ausschöpfung der Kostensenkungspotentiale in der Montage müssen auf die jeweiligen Randbedingungen der einzelnen Produktionen und deren Parameter abgestimmt sein. Im Maschinenbau, zum Beispiel, stehen mit kleinen Stückzahlen sowie großen und schweren Einzelteilen im allgemeinen Fragen der Montagevorbereitung, der Teilebereitstellung, der Kommissionierung und der Lager- und Materialflußsteuerung im Vordergrund. Im Elektro- und Feingerätebau mit oft kleinen und leichten Teilen liegt der Schwerpunkt, aufgrund der in der Regel hohen Stückzahlen und damit häufig auftretenden Montagevorgängen, sicher mehr auf dem Gebiet der Automatisierung von Montageprozessen und Montageabläufen /1/.

Allgemein ist in den letzten Jahren ein Trend zur Verkürzung der Produktlebensdauer und zur Erhöhung der Variantenvielfalt festzustellen. Bild 1.2 dokumentiert dies an einem Reihenschalter für Waschmaschinen. Dieser Trend bedingt, daß an die Flexibilität von Montagesystemen, bei gleichzeitig hoher Produktivität, erhebliche Anforderungen gestellt werden. Es ist deshalb davon auszugehen, daß, in Analogie zu Entwicklung und Absatz von flexiblen Fertigungs- und Bearbeitungszentren, auf dem Gebiet der Montage die flexiblen Montagezellen und flexible Montageanlagen erheblich an Bedeutung gewinnen werden.

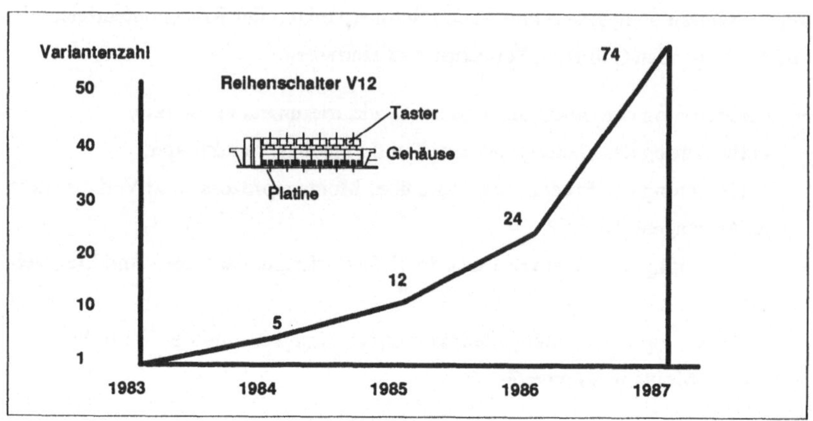

Bild 1.2: Entwicklung der Variantenvielfalt /3/

1.2   Stand der Forschung

Die Bedeutung flexibler Montagesysteme wird in der Forschung anhand vielfältiger Definitionen, Veröffentlichungen und Untersuchungen dokumentiert. So definieren unterschiedliche Arbeiten /4,14,15,1819,21,23,24,25,28,38,39,41,51, 62,64,74,82,87,89,91,93/ den Begriff 'Flexibilität' z.B. als:

- Anpassungsfähigkeit der Produktionseinrichtungen an unterschiedliche Produktionsaufgaben im Hinblick auf Teilegeometrie, Anzahl der Verfahren und Losgrößen /24,25/. Hierbei wird in /25/ eine Produkt- und Produktionsflexibilität unterschieden.

- Anpaßbarkeit an Markteinflüsse /14/, wobei Flexibilität abhängig ist von Prozeß, Verfahren, Maschine, Bewegungsraum und Taktzeit.

Den Grad der Flexibilität bestimmen unter anderem /4,29/ anhand der automatisch oder manuell durchführbaren Anpassungsfähigkeit, aber auch anhand der Anpassungsschnelligkeit und der Kosten jeder Anpassung.

Mit flexiblen Montagezellen können zwei oder mehrere Bauteile in eine räumlich definierte Anordnung zueinander gebracht und diese erhalten werden /4/. Sie können aus den folgenden Komponenten bestehen /2,4,10,13,16,18,19,23,27,31, 32,92/:

- Montagestation mit Industrierobotern, Robotergreifern oder Werkzeugen,
- Ordnungseinrichtungen, Zuführungen, Magazinen und Puffer,
- Verkettungs- und Fördereinrichtungen,
- Steuerungs- und Regelungstechnik,
- Meßeinrichtungen, Sensoren,
- Sicherheitseinrichtungen.

Mit der Entwicklung und Realisierung flexibler Montagesysteme oder deren Komponenten beschäftigen sich detailliert beispielsweise /4-18,20,21,26-29,31,32,36,55,62,64,74,76,79,82,83,88,92,93/. Beispiele für die Entwicklung und Realisierung automatisierter Montagezellen sind in der folgenden Übersicht zusammengefaßt:

- Flexible Schlauchmontage /2,26,79/,
- Automatisch umrüstbare Montageanlage für drei Produkte /4/,
- Montagezelle mit automatischem Wechsel der Peripherie /4/,
- Flexible Montage von Uhren /5/,
- Flexible Kabelbaumfertigung /7,32/,
- Flexibel automatisierte Montage des Airbag- Gasgenerators /8/,
- Integriertes Fertigungs- und Montagesystem /15/,
- Automatische Montage von Trafokernen /16/,
- Universelle Montagezelle (Universal assembly cell) /20/,
- Montagelinie mit unterschiedlichen Industrierobotern /21,76/,
- Flexible Montagezelle zur Untersuchung von Vorrichtungen /27/,
- Flexible Montagestation für Klipse /31/,
- Rechnerintegrierte rüstflexible Montagezelle zum Bestücken und Löten von Leiterplatten /62/.

Diese Systeme sind in den meisten Fällen auf spezielle Aufgabenstellungen und ein eng umrissenes Produktspektrum zugeschnitten. Ein Übertragen der Ergebnisse auf eine breitere Produktpalette wird dabei jedoch nicht durchgeführt. Systematische Untersuchungen und Bewertungen von flexiblen Montagezellen werden dabei ansatzweise in /18,21,24,28,29,32,36,74,82,86,89,91/ vorgenommen.

Weitere Arbeiten auf dem Gebiet flexibler Montagesysteme betreffen die Planung von Flexibilität in Montagestrukturen unter Bewertung des Nutzens. Die wirtschaftliche Bedeutung flexibler Montagezellen wird in bisherigen Forschungsaktivitäten bisher prinzipiell auf zwei Arten berücksichtigt:

Zum einen wird versucht, möglichst viele nicht quantifizierbare Faktoren wie Flexibilität, Qualitätssteigerung, Humanisierung des Arbeitsplatzes (HdA) und Wiederverwendbarkeit durch ihre Sekundäreffekte, also beispielsweise durch Berechnung von Auslastungsveränderungen, Ausbringungsveränderungen oder gesunkene Regress- und Garantieansprüche, zu quantifizieren /29,38/. Ansätze zur Quantifizierung von Wiederverwendungsgraden unter Einbindung in Investitionsrechnungen verfolgen beispielsweise /22,38,39,40,48/.

Eine andere Richtung beschreiten Forschungsaktivitäten und Untersuchungen, die in zahlreichen Arbeiten versuchen, Flexibilitätsgrade oder Kennzahlen zu ermitteln, welche es ermöglichen sollen Flexibilität und deren Nutzen planbar zu machen /36,39,41-48,65/. Sie beziehen sich meistens auf Teilbereiche der Montage oder von Montagesystemen und berechnen zunächst Barwerte von Investitionen, gehen aber bei dem Versuch, Flexibilität zu quantifizieren sehr schnell zu Verfahren der Nutzwertanalyse über /36,39,41,48,65/. Neben Methoden die zwar den Grad von Flexibilität genau errechnen, diesen Grad allerdings nicht in Geldeinheiten umrechnen können, gibt es nur wenige Ansätze, die versuchen, den Nutzen von flexibler Automatisierung in Geldbeträgen darzustellen. Die Arbeiten auf diesem Gebiet vernachlässigen in der Regel entweder den Zeitaspekt oder den Kostenaspekt einer durch Flexibilität erzielbaren Verbesserung. Die Programmpakete PRISMA /49,50/ oder EDIPLAN /51/ zum Beispiel sind, infolge umfangreicher Datensätze und Simulationsalgorithmen, in der Lage Taktzeiten vorauszuplanen, geben aber keine Auskunft über den Kostenaufwand, beziehungsweise die erzielte

Einsparung. Überlegungen wie /52,53/ oder das EDV-Programm zur Montageko-stenanalyse des Production Engineering Laboratory NTH-SINTEF /54/ berück-sichtigen hingegen den Einfluß der Zeit nicht.

Zusammenfassend läßt sich über die bisherigen Forschungsergebnisse folgende Aussage treffen:

Auf dem Gebiet flexibler Montagekomponenten wurden beispielsweise bei /17,55,64,89,92,93/ sehr umfassende Untersuchungen und Arbeiten vorgenom-men. Flexible Montagesysteme wurden unter spezifischen, problemorientierten Gesichtspunkten betrachtet und existieren, laut /6/, nur vereinzelt. Eine Systemati-sierung von flexiblen Montagesystemen in allen Ebenen der Montage liegt noch nicht vor.

Bei der Umsetzung flexibler Montagesysteme sind außerdem noch beträchtliche Hemmnisse zu überwinden. Dies belegt z.B., neben Bild 1.1, auch eine in /35/ veröffentlichte Analyse von Robotereinsätzen in den USA. /35/ weist darauf hin, daß bis heute nur etwa ein Viertel aller flexiblen Geräte im Bereich der Montage eingesetzt werden. Dies deutet darauf hin, daß neben den entsprechenden Syste-men auch die Planungshilfsmittel für flexible Montagesystemen ungenügend sind.

Bisher entwickelte Planungs- und Bewertungsmethoden liefern entweder durch Nutzwertanalysen oder durch Teilbetrachtungen der Kosten- bzw. Zeitfaktoren nur sehr ungenaue Ergebnisse. Eine wirtschaftliche Planungsunterstützung ist je-doch, gerade bei flexiblen Montagesystemen, aufgrund der vergleichsweise höhe-ren Kosten der oftmals frei programmierbaren Einheiten von großer Bedeutung. Eine systematische Entwicklung flexibler Montagesysteme unter Einbindung ei-nes geeigneten Planungsverfahrens wäre dringend nötig, um einen Produktionsbe-reich, wie beispielsweise den Elektro- oder Feingerätebau, mit geeigneten flexi-blen Montagesystemen zu versorgen. Diese Systeme sollten in der Lage sein, die Montage kleiner Lose von immer wieder neuen, wechselnden Produkten unter veränderlichen Produktionsbedingungen zu vollziehen.

1.3   Zielsetzung und Vorgehensweise dieser Arbeit

Das Ziel der vorliegenden Arbeit ist die systematische Entwicklung von Konzepten für flexible Montagesysteme, angefangen bei der Anlagenebene bis hin zu flexiblen Komponenten der Peripherie. Diese Konzepte sollen anhand von Pilotanlagen realisiert werden, aber auch industriell umsetzbar sein. Als Zielgruppe für die zu entwickelnden Montagesysteme wurde die elektromechanische und feinwerktechnische Produktion ausgewählt. In diesem Bereich, so belegen neben /6/ unter anderem Bild 1.1 und 1.2, stehen Montageprobleme im Zentrum des Rationalisierungsinteresses.

Um die Umsetzung flexibler Montagesysteme in das industrielle Umfeld zu erleichtern wird in der vorliegenden Arbeit weiter versucht, die zu erwartenden absoluten Herstellkosten für ein Produkt unter Berücksichtigung des Zeiteinflusses und von Flexibilitätsaspekten zu ermitteln. Auf diese Weise sollen Lösungshinweise und Anwendungsregeln erarbeitet werden, die den Planer von flexiblen Montagesystemen systematisch auf folgenden Gebieten unterstützen:

- Auswahl und Gestaltung von flexiblen Montagesystemen in allen Ebenen der Montage (Anlagen-, Zellen-, Komponenten- und Prozeßebene),
- Lokalisierung und Bewertung der Rationalisierungpotentiale in Montagesystemen unter Berücksichtigung von flexiblen Systemen,
- Optimierung von manuellen oder starr automatisierten Montagessystemen unter Einsatz von flexiblen Montagestrukturen,
- Berechnung der Einflüsse und Ergebnisse bei bzw. nach Einsatz von flexiblen Montagestrukturen.

Um das Ziel dieser Arbeit zu erreichen, wurde die Thematik in drei Teilbereiche gegliedert:

- Analyse von Montagestrukturen in der elektromechanischen und feinwerktechnischen Produktion unter Ableitung einer Beschreibungssystematik von Montagestrukturen und deren Einflußparameter,

- beispielhafte Synthese von flexiblen Montagestrukturen in allen Ebenen der Montage unter Bezug auf vier reale Produkte,
- Analyse der Lösungen zur Ableitung einer Quantifizierungs- und Planungssystematik unter Einbindung in rechnerunterstützte Planungshilfsmittel.

2 Analyse der Struktur von Montagesystemen

2.1 Hierarchische Ebenen in der Montage

Montage bedeutet im weitesten Sinn, zwei oder mehr Bauteile in einer gewissen Zeit und in einer bestimmten Reihenfolge reversibel oder irreversibel miteinander zu verbinden. Systeme, die solche Verbindungen verrichten, nennt man manuelle oder automatisierte Montagesysteme. Sie setzen sich, wie die Montagezelle von Bild 2.1, aus Systemkomponenten zusammen, die alle hierfür notwendigen Prozesse ausführen und werden über die Systemgrenze mit Bauteilen, Informationen und Energie versorgt. Montagesysteme liefern am Systemausgang fertig montierte Baugruppen oder Produkte, dazu sehr häufig leere oder volle Magazine, eventuell fehlerhafte Baugruppen bzw. Produkte und unter Umständen Komponenten sowie Informationen über Anlagenleistung, Störungen und Betriebszustände.

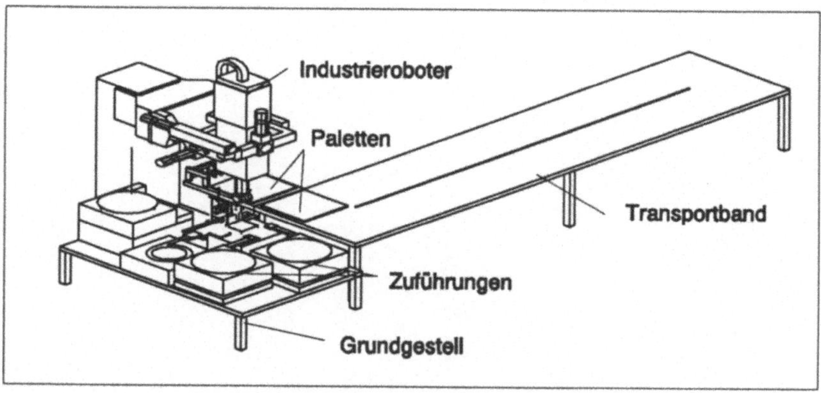

Bild 2.1: Automatisches Montagesystem für Ventile

Die Struktur von Montagesystemen läßt sich, modellhaft nach Bild 2.2, in fünf hierarchische Ebenen gliedern und damit getrennt analysieren.

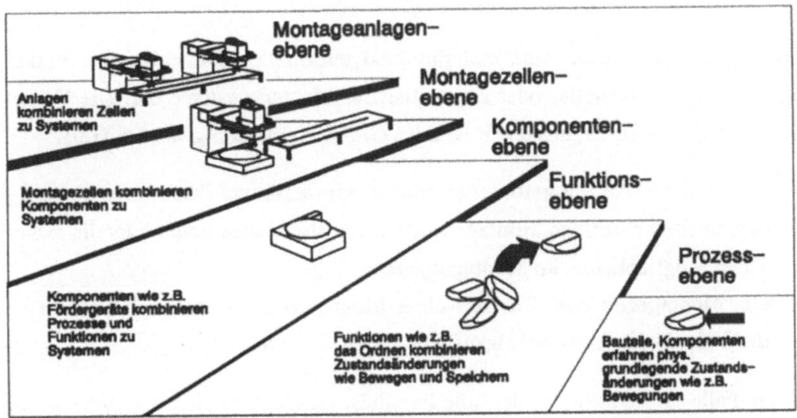

Bild 2.2: Strukturelle Ebenen in der Montage

Hierbei baut sich jede übergeordnete Ebene, ausgehend von komplexen, aus vielen Einzelsystemen bestehenden Montageanlagen bis hin zu den elementaren Prozessen der Montage wie es z.B. das Verbinden zweier Bauteile darstellt, aus den jeweils untergeordneten Ebenen auf. Die folgende Analyse von Montagesystemen in den einzelnen Montageebenen basiert auf der vergleichenden Untersuchung von 80 automatisierten oder teilmechanisierten Montagestrukturen in der elektromechanischen und feinwerktechnischen Produktion. Sie soll den Aufbau und die Einflußparameter von Montagesystemen in allen Ebenen ermitteln. Dies ist notwendig um die, von einer eventuellen Veränderungen an Produkten, Varianten und Produktionsanforderungen primär betroffenen Bereiche eines Montagesystems zu lokalisieren und gezielte Anpassungsmaßnahmen zu entwickeln.

2.2 Montageanlagen

Montageanlagen stellen eine material- und informationsflußtechnische Verkettung mehrerer, manueller oder automatisierter Montagesysteme dar. Die Verkettung kann, nach Lotter, aus den folgenden Gründen notwendig werden /18/:

- Die Zahl und Art der geforderten Montageprozesse und Funktionen übersteigt den, in einer einzelnen Montagezelle verfügbaren Arbeitsraum oder die technischen Möglichkeiten im Montagesystem.
- Die Montagezeit oder Taktzeit einer Montagezelle ist zu groß und erreicht nicht die, in der Anforderungsliste definierte Leistung.

Beide Fälle erfordern entweder eine Parallelschaltung von identischen Montagesystemen oder eine Aufsplittung der Montageinhalte in seriell arbeitende Stationen.

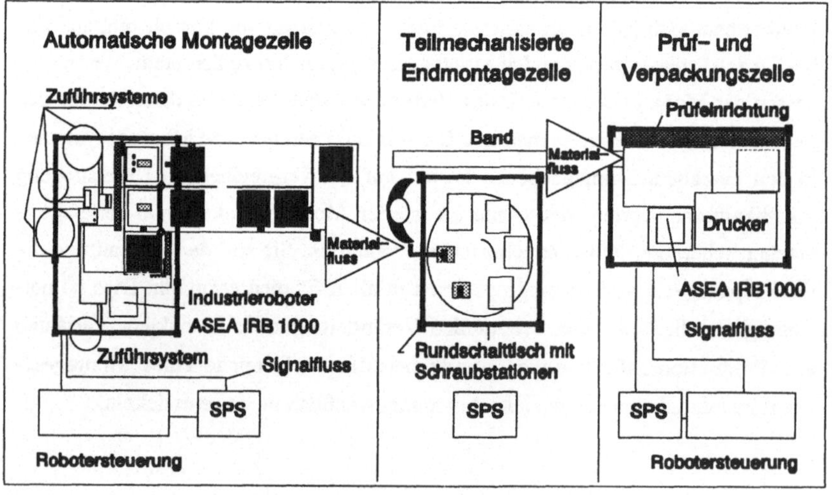

Bild 2.3: Automatische Montageanlage für Ventile

Montageanlagen wie die, in Bild 2.3 gezeigte, Anlage zur Produktion pneumatischer Ventile, lassen sich zunächst durch die Montageaufgabe mit den entsprechenden Vorgaben und Leistungsanforderungen beschreiben. Einflußgrößen sind unter anderem

- die *Zahl der einzelnen Bauteile* und *Varianten*,
- die *Art, Zahl* und *Komplexität* der *Verbindungen und Prozesse*,
- die *Taktzeit, Durchlaufzeit* und *Verfügbarkeit*,
- die *Prozeßkosten* bzw. Kostenvorgaben in der Anlage.

Die Montageaufgaben und Anforderungsparameter bestimmen im wesentlichen folgende Merkmale von Montageanlagen:

- Die *Struktur der Montageanlage* und deren *Montagezellen,* bzw. *Komponenten,*
- den *Material-, Signal- und Energiefluß in der Montageanlage* und *über die Grenzen des Systems* hinaus (Systemfluß).

2.2.1 Die Struktur von Montageanlagen

Montageanlagen können, nach Lotter, in Linienstruktur und Zellenstruktur aufgebaut sein /4/. Unter Linienstruktur versteht man im allgemeinen die Anordnung von einzelnen Montagekomponenten wie z.B. von Handhabungsgeräten entlang eines Materialflußsystems, etwa eines Transportbandes. Ziel dieser Anordnung ist die serielle Bearbeitung von einzelnen Montageschritten in kurzen Taktzeiten. Ein Beispiel für derartige Montagelinien zeigt Bild 2.4.

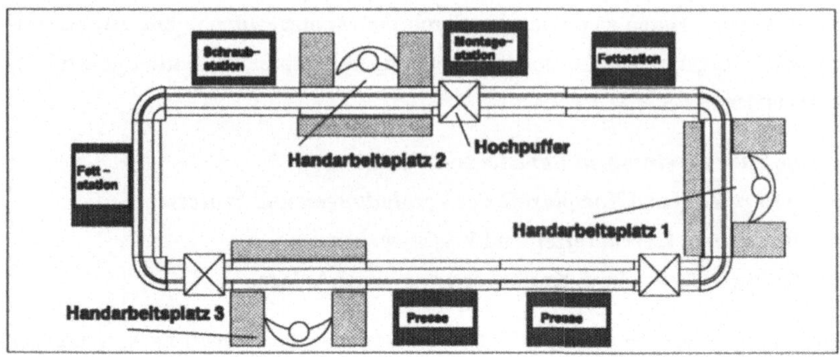

Bild 2.4: Montagelinie für Bohrgetriebe

Von Zellenstrukturen hingegen kann gesprochen werden, wenn einzelne Montagesysteme oder Montagezellen zu einem System materialfluß- und informationsflußtechnisch miteinander verbunden sind. Im Unterschied zu Montagelinien bearbeiten die einzelnen Montagezellen meistens parallel oder seriell in sich abgeschlossene Montagefolgen oder komplette Baugruppen (Bild 2.5).

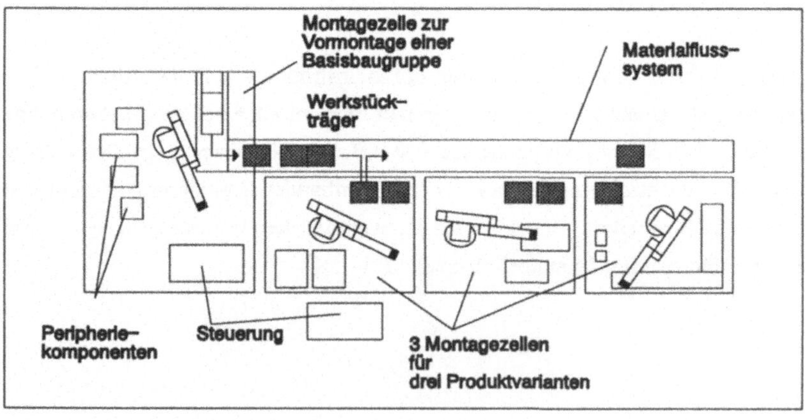

Bild 2.5: Montagesystem mit Zellenstruktur

Die Einsatzfälle unterschiedlicher Montageanlagen, bzw. die Wahl der, für den einzelnen Anwendungsfall passenden Struktur, wird nach Bild 2.6 zum großen Teil bestimmt durch die Montageparameter, also durch die geforderte Prozeßleistung, die maximalen Prozeßkosten sowie durch den gesamten Aufgabenumfang.

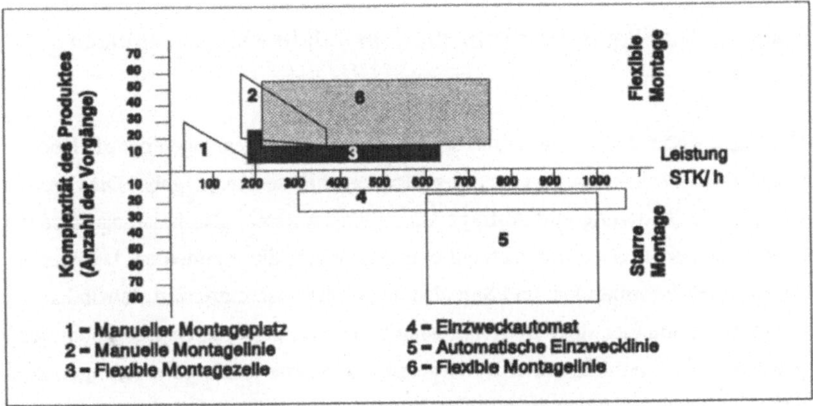

Bild 2.6: Einsatzgebiete von Montageanlagen /18/

2.2.2   Der Materialfluß in Montageanlagen

Der Materialfluß in Montageanlagen dient zum Transport von Bauteilen und Montagekomponenten innerhalb des Systems und über die Systemgrenzen hinweg. Er unterteilt sich in einen

- taktgebundenen Materialfluß, der in einem definierten und meist unveränderlichen Rhythmus z.B. Bauteile und Funktionsträger bewegt. Dieser Materialfluß ist häufig in Linienstrukturen und kaum in Zellenstrukturen anzutreffen.
- taktentkoppelten Materialfluß, der kontinuierlich fortschreitet oder frei wählbar, bzw. bestimmbar ist. Dieser Materialfluß wird sowohl in Zellenstrukturen als auch in der, in Bild 2.4 gezeigten, Linienstruktur angewendet.

Um den Materialfluß in Montageanlagen zu ermöglichen, sind starre oder flexible Lager-, Speicher-, Bewegungs- und Transporteinrichtungen sowie Handhabungsgeräte notwendig.

2.2.3   Der Signal- und Informationsfluß in Montageanlagen

Der Signal- oder Informationsfluß innerhalb von Montageanlagen hat die Koordination der einzelnen Systeme und der Montageabläufe zur Aufgabe. Dies bezieht sich auf die Steuerung und Abfrage aller Einzelsysteme, also beispielsweise der Montagezellen, und der unterschiedlichen Materialflußkomponenten. Darüberhinaus kann ein Informations- und Signalfluß über die Systemgrenzen stattfinden, bei dem z.B. Meldungen über Betriebszustände oder aktuelle Auftragsdaten an übergeordnete Rechnerhierarchien weitergeleitet und neue Aufträge empfangen werden. Um diese Aufgaben zu erfüllen, können die ausführenden Steuerungs- und Überwachungssysteme nach Bild 2.7 hierarchisch gegliedert werden /59,84/.

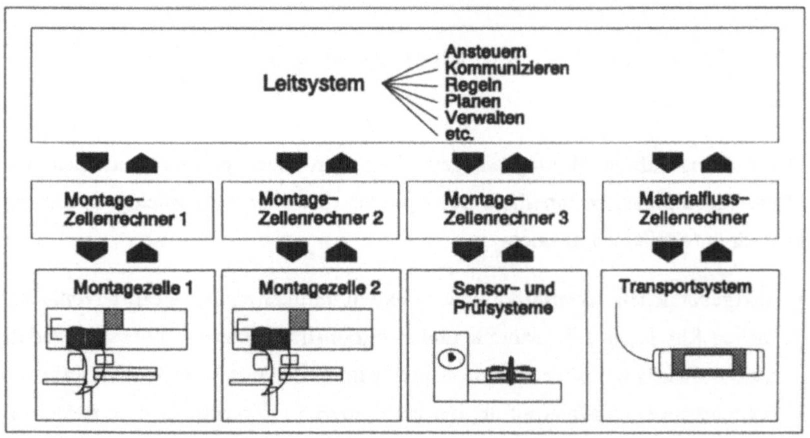

Bild 2.7: Rechnerstrukturierung einer Montageanlage

2.3 Montagezellen

Montagezellen dienen, wie eingangs erwähnt, dazu, zwei oder mehrere Bauteile reversibel oder irreversibel miteinander zu verbinden. Im einfachsten Fall handelt es sich hierbei um ein Montagesystem, welches in der Lage ist, genau zwei Bauteile zu fügen. Lotter nennt Systeme, wie die Schraubeinrichtung von Bild 2.8, auch Einstationen-Montagemaschinen /4/.

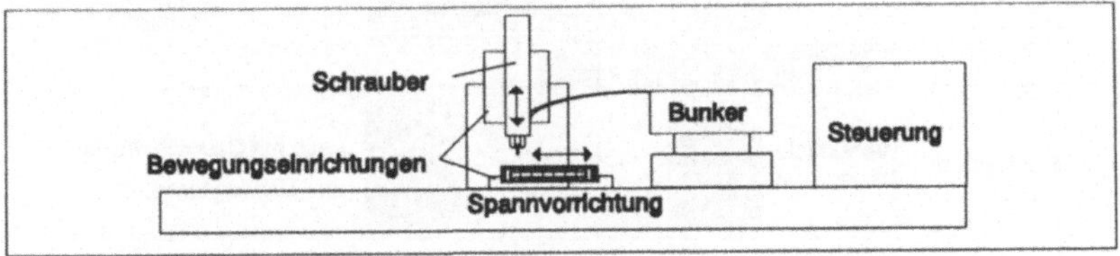

Bild 2.8: Beispiel einer Einstationen-Montagemaschine

Um Montageaufträge zu bearbeiten, sind in Montagezellen unterschiedliche Montagekomponenten, wie die in Bild 2.8 abgebildeten Bunker, Schrauber, Spannvorrichtungen, zu einem System kombiniert. Ähnlich wie in Montageanlagen, findet ein Material- und Signalfluß über die Systemgrenzen und innerhalb des Systems statt. Montagezellen lassen sich in folgende Klassen einteilen:

- *Manuelle Systeme ohne automatisierte Funktionsträger* ,
- *teilautomatisierte Systeme* mit automatisierten Montagekomponenten und manuellen Montageanteilen,
- *vollautomatisierte Systeme* mit automatisierten Montagekomponenten ohne manuelle Montageanteile.

2.3.1 Manuelle Montagezellen

In manuellen Montagezellen verrichtet der Werker alle Funktionen, die z.B. zur
Montage der Einzelteile eines Bohrgetriebes nötig sind (Bild 2.9). Er kann hierzu
mit einfachen, mechanischen, pneumatischen oder optischen Werkzeugen unterstützt werden.

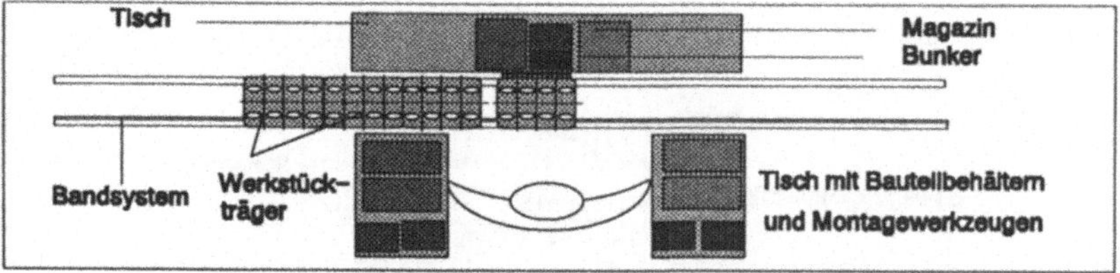

Bild 2.9: Manueller Montageplatz für Bohrgetriebe

2.3.2 Teilautomatisierte Montagezellen

Teilautomatisierte Systeme unterstützen den Werker mit automatischen Montagekomponenten wie beispielsweise Schraubern, Rundschalttischen oder Diagnose-
geräten. Ziel ist einerseits eine Erleichterung der zum Teil monotonen Tätigkeit,
im Sinne der Humanisierung des Arbeitsplatzes (HdA). Eine weitere Intention ist
es, die Ausbringung des Systems sowie die Qualität der Produkte durch diese teilweise Automatisierung und Parallelschaltung von Vorgängen zu verbessern. Ein
Beispiel für ein solches teilautomatisiertes Montagesystem ist die, in Bild 2.10 gezeigte, Endmontagezelle für pneumatische Ventile. Der Werker führt in diesem
System nur die schwierigen Montageverrichtungen der formlabilen Gummiele-
mente aus und ver-, bzw. entsorgt die Anlage mit Bauteilen. Parallel dazu laufen

Schraub- und Pressvorgänge an den Ventilen ab. Die Verkettung der einzelnen
Montagekomponenten übernimmt ein Rundschalttisch.

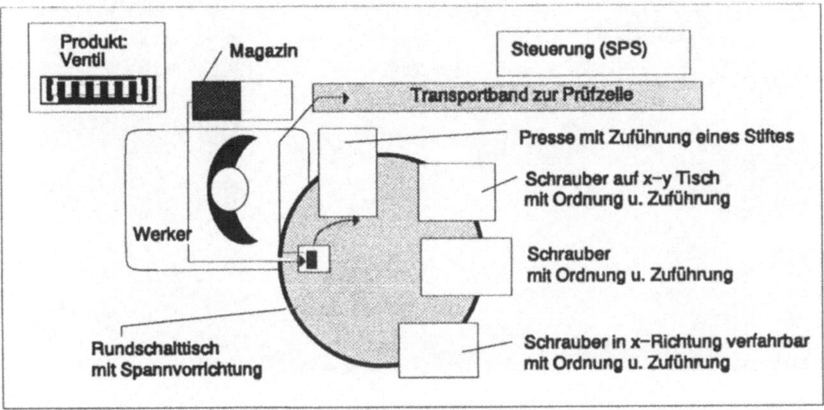

Bild 2.10: Teilautomatisiertes Endmontagesystem

2.3.3 Vollautomatisierte Montagezellen

Vollautomatisierte Montagezellen besitzen in fast allen Fällen Handhabungseinrichtungen, welche zusätzlich zum Verkettungssystem arbeiten und die manuellen
Montageanteile ersetzen. Ein gewisser Restanteil an manuellen Verrichtungen ist
jedoch auch in Systemen wie dem, in Bild 2.11 gezeigten, Montagesystem für
pneumatische Ventile nötig, um die Versorgung des Systems mit den entsprechenden Bauteilen zu gewährleisten oder Störungen zu beseitigen. Vollautomatische
Montagesysteme werden in der Literatur in starre, also einer Montageaufgabe fest
angepaßte, und flexible oder anpaßbare Systeme eingeteilt. Diese Einteilung und
die entsprechenden Definitionen werden in Kapitel 3 noch näher behandelt.

Bild 2.11: Vollautomatisierte Montagezelle für Ventile

2.4 Montagekomponenten

2.4.1 Aufbau von Montagekomponenten

Montageanlagen und Montagezellen bestehen zur Durchführung einer Montageaufgabe wie beispielsweise der, in Bild 2.11 dargestellten, Montage von pneumatischen Ventilen aus einer Vielzahl von technischen Einrichtungen oder Komponenten wie Magazinen, Bandsystemen, Ordnungseinrichtungen oder auch Handhabungssystemen.

Hesse z.B. nennt solche Komponenten auch 'Arbeitsorgane' oder Bestandteile eines arbeitenden Roboters, die sich zwischen den Führungsgetrieben und dem Handhabungsobjekt befinden und zum Ausführen verschiedener Operationen dienen /55/. Warnecke spricht in diesem Zusammenhang von Wirkorganen /13/.

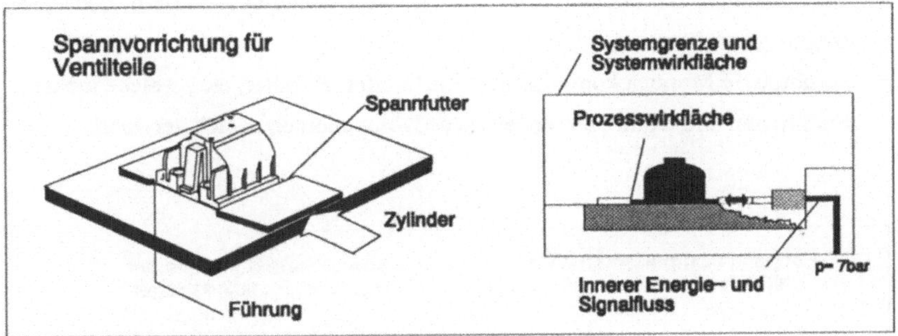

Bild 2.12: Beispiel einer Montagekomponente

Montagekomponenten, wie beispielsweise die Spannvorrichtung von Bild 2.12, lassen sich im wesentlichen durch folgende Merkmale charakterisieren:

- Die Art und Zahl der auszuführenden Montageprozesse u. Funktionen,
- die Systemgrenze oder Wirkfläche der Komponente zur Systemumgebung und den Bauteilen (Prozeßwirkfläche),
- der Material-, Energie- und Signalfluß im System und über die Systemgrenze hinaus.

2.4.2 Beispiele von Montagekomponenten

Montagekomponenten führen zur Erfüllung ihrer Montageaufgabe einen oder mehrere Funktionen, Zustandsänderungen oder Prozesse aus. Nach der Anzahl und Komplexität dieser Aufgaben können Montagekomponenten in drei Kategorien eingeteilt werden:

- Einfachste Prozeßträger wie z.B. Führungen oder Zylinder, die eine Montagekomponente elementar aufbauen,
- einzelne Montagekomponenten ohne Sensorabfragen wie z.B. Flachpaletten, einzelne Sensoren, Spannvorrichtungen, ungeregelte Förderbänder, welche nur

eine einzelne Funktionsart, also z.B. das 'Magazinieren', 'Sichern' oder 'Bewegen' verrichten,

- kombinierte Montagekomponenten wie Greifer, Roboter, etc., welche mehrere Funktionen und damit mehrere einzelne Komponenten in sich vereinen.

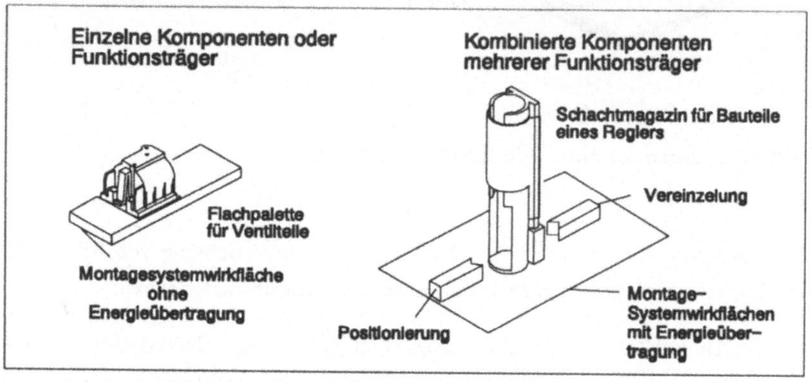

Bild 2.13: Einzelne und kombinierte Montagekomponenten

2.4.2.1 Prozeßträger von Montagekomponenten

Montagekomponenten sind aus einer Vielzahl einfachster Einheiten wie Führungen, Gehäuse, Lager, Zylinder, Sensoren etc. aufgebaut. Diese Einheiten oder Prozeßträger bewirken genau einen bestimmten Montageprozeß. Beispiele dieser "Maschinenelemente der Montagetechnik" sind in Bild 2.14 aufgeführt.

Prozessträger (Maschinenelemente)	Physikalisches Wirkprinzip	Bezeichnung
Speicherelemente	mechanisch pneumatisch/fluidisch elektrisch	Lager, Führungen, Gerüste Düsen, Luftlager Magn. Lager, Kondensatoren
Bewegungselemente	mechanisch pneumatisch/fluidisch elektrisch	Kolben, Stössel, Schieber Zylinder (linear, rotatorisch) Motoren (Servo-, Schrittmotoren)
Verbindungselemente	mechanisch pneumatisch/fluidisch elektrisch	Schrauben, Bolzen, Stifte Zylinder, Sauger Magnete, Stecker, Kontakte

Bild 2.14: Prozeßträger von Montagekomponenten

2.4.2.2 Einzelne Montagekomponenten

Einzelne oder einfache Montagekomponenten führen mit ihren Prozeßträgern nur einen bestimmten Montagevorgang, wie beispielsweise einen Bewegungsvorgang, ein geordnetes Speichern oder ähnliches, aus. Je nachdem, ob zur Ausführung des Montageprozesses Energie nötig ist, kann man bei einfachen Montagekomponenten unterschiedlich komplexe Systeme differenzieren:

- Einzelne Komponenten ohne Energieübertragung an der Montagesystemschnittstelle (z.B. Magazine, Bunker, schiefe Ebenen, Schläuche, etc.),

- einzelne Komponenten mit Energieübertragung an der Montagesystemschnittstelle (z.B. Vorschübe, Spannvorrichtungen, einfache Transportbänder).

Die nachfolgende Übersicht in Bild 2.15 beschränkt sich auf die häufigsten apparativen Vertreter einzelner Montagekomponenten.

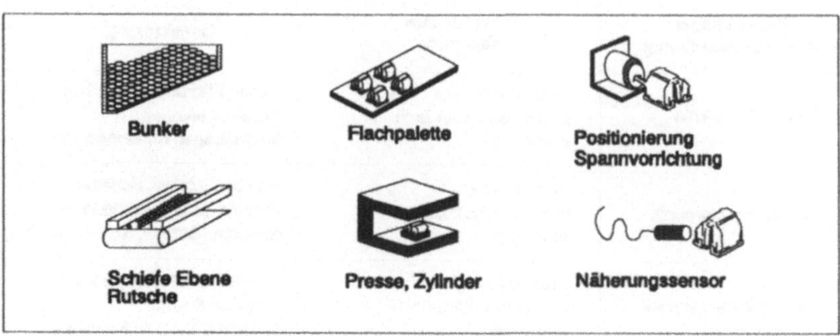

Bild 2.15: Einzelne Montagekomponenten

2.4.2.3 Kombinierte Montagekomponenten

Zusätzlich zu den einzelnen Montagekomponenten kommen in Montagesystemen eine Vielzahl von komplexeren Funktionsträgern zum Einsatz, die mehrere Montagefunktionen in sich vereinen. Ein relativ häufiges und dabei einfaches Beispiel für diese, sogenannten kombinierten Montagekomponenten findet man in Bild 2.16. Es handelt sich um einen pneumatischen Zylinder, der mit induktiven Näherungsschaltern bestückt ist. Diese, in der Montagetechnik durchaus übliche Praxis hat zum Ziel, durch Abfrage der Endlagen des Zylinderkolbens etwaige Kollisionen und damit Ausfall der Anlagenkomponenten zu verhindern. Die Kombination unterschiedlicher Montagefunktionen in Komponenten führt dazu, daß in jedem Fall Energie über die Systemschnittstelle übertragen werden muß. Im gezeigten Beispiel von Bild 2.16 handelt es sich neben der pneumatischen Energie zum Antrieb des Drehzylinders auch um elektrischen Strom, welcher zur Versorgung der, am Drehzylinder angebrachten, induktiven Näherungsschalter dient, und der die Schaltsignale zu einer weiterverarbeitenden Steuerung leitet.

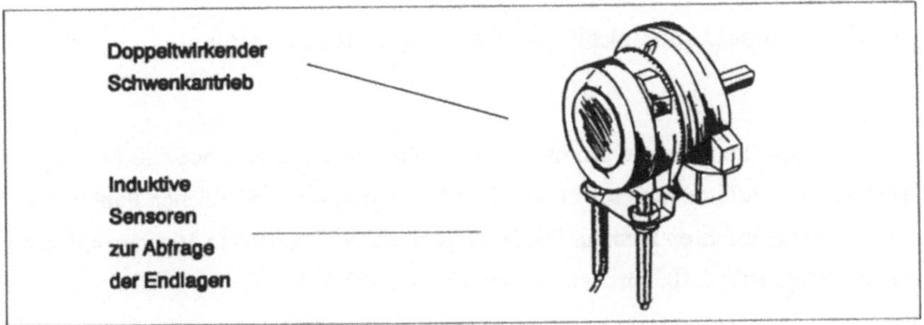

Bild 2.16: Sensoren an einem pneumatischen Antrieb /58/

Die Übersicht in Bild 2.17 soll einen exemplarischen und ausschnittsweisen Über-
blick über kombinierte Montagekomponenten geben.

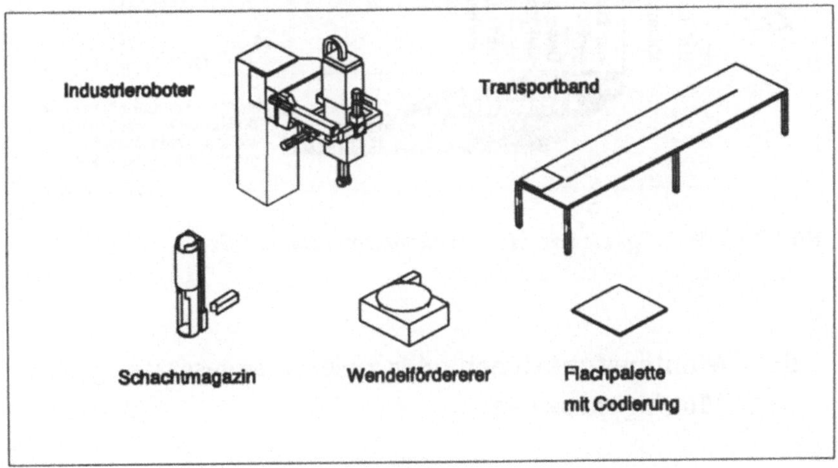

Bild 2.17: Kombinierte Montagekomponenten

2.4.3 Einsatzhäufigkeit von Montagekomponenten

Einzelne und kombinierte Komponenten stellen Systeme dar, welche Montageprozesse durchführen und selbst über ihre Montagesystemwirkflächen Funktionen
und Prozesse erfahren können. Die Häufigkeit ihres Einsatzes in Montageanlagen
ist, so belegt Bild 2.18, durchaus unterschiedlich /57,61/.

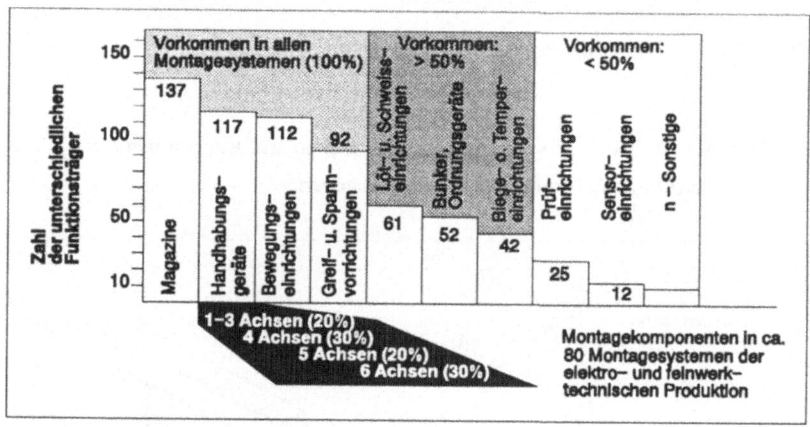

Bild 2.18: Häufigkeit von Montagekomponenten /57,61/

2.5 Montagefunktionen oder zusammengesetzte Montageprozesse

Systeme und Komponenten in der Montage dienen dazu, einzelne Montagevorgänge oder Funktionen durchzuführen. Funktionen können sich hierbei auf die zu
montierenden Bauteile beziehen, welche z.B. bewegt, gefügt und geprüft werden.
Die Funktionen betreffen jedoch, wie Bild 2.19 zeigt, in gleichem Maße, zum Teil
als eine Art Wechselwirkung zweier Funktionspartner, die Montagekomponenten
und Montagesysteme selbst.

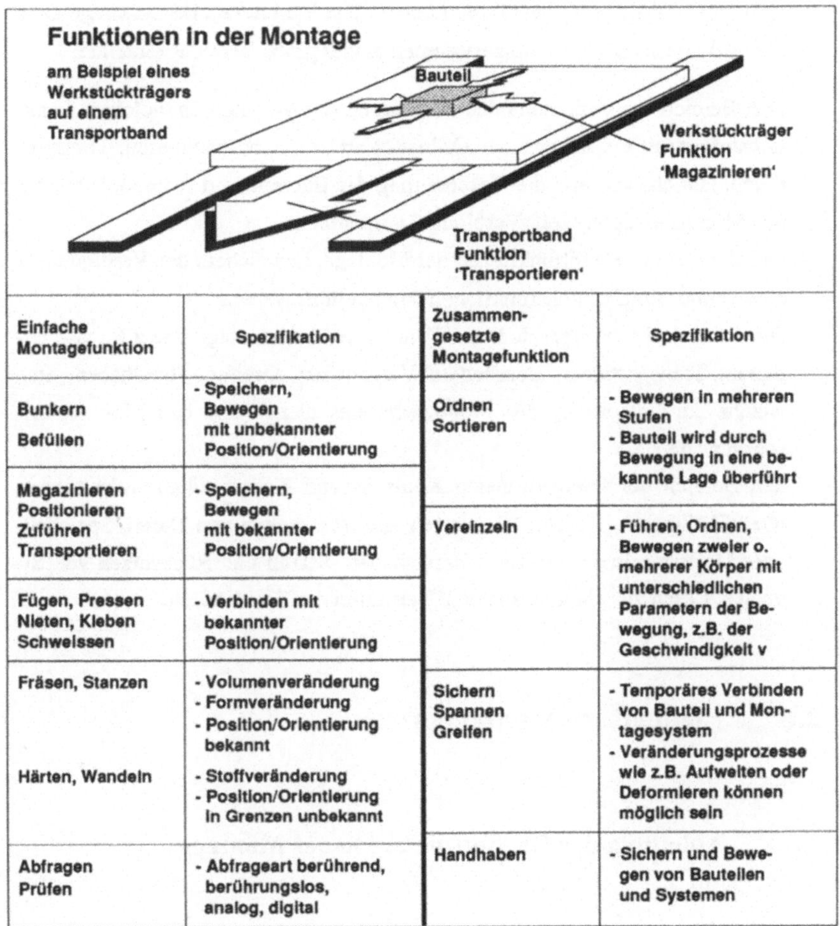

Einfache Montagefunktion	Spezifikation	Zusammengesetzte Montagefunktion	Spezifikation
Bunkern Befüllen	- Speichern, Bewegen mit unbekannter Position/Orientierung	Ordnen Sortieren	- Bewegen in mehreren Stufen - Bauteil wird durch Bewegung in eine bekannte Lage überführt
Magazinieren Positionieren Zuführen Transportieren	- Speichern, Bewegen mit bekannter Position/Orientierung	Vereinzeln	- Führen, Ordnen, Bewegen zweier o. mehrerer Körper mit unterschiedlichen Parametern der Bewegung, z.B. der Geschwindigkeit v
Fügen, Pressen Nieten, Kleben Schweissen	- Verbinden mit bekannter Position/Orientierung		
Fräsen, Stanzen Härten, Wandeln	- Volumenveränderung - Formveränderung - Position/Orientierung bekannt - Stoffveränderung - Position/Orientierung in Grenzen unbekannt	Sichern Spannen Greifen	- Temporäres Verbinden von Bauteil und Montagesystem - Veränderungsprozesse wie z.B. Aufweiten oder Deformieren können möglich sein
Abfragen Prüfen	- Abfrageart berührend, berührungslos, analog, digital	Handhaben	- Sichern und Bewegen von Bauteilen und Systemen

Bild 2.19: Beispiele für Funktionen in der Montage

Die Funktionen der Montage kann man bei näherer Betrachtung von Bild 2.19 in zwei unterschiedliche Funktionsarten gliedern. Zum einen lassen sich Montagefunktionen erkennen, die nur zur Verrichtung eines spezifischen Montageprozesses dienen, wohingegen eine Vielzahl von Montagefunktionen existieren, welche sich aus mehreren Grundprozessen zusammensetzen und nur durch eine Art Prozeßkette eine Verrichtung ausführen können. Die Funktionen der Montage kann man nach dem Einsatz in Montagesystemen in vier grobe Bereiche einteilen:

- Den Bereich der vorbereitenden Funktionen der Montage, in welchem Funktionsträger mit Funktionen wie Ordnen, Vereinzeln, Magazinieren, Transportieren, Handhaben, etc. die Vorbereitung der Bauteile und Komponenten auf den Montagehauptprozeß 'Verbinden' vornehmen,
- den Bereich der Hauptfunktionen der Montage, in welchem der Verbindungsprozeß und Handhabungsfunktionen durchgeführt werden,
- den Bereich der nachgeschalteten Funktionen der Montage wie z.B. Magazinieren, Transportieren, Bearbeiten, Vergleichen, Greifen, Handhaben, etc., welche zur Entsorgung des Montagesystems dienen und den Montagefortschritt prüfen,
- den Bereich der übergeordneten Kontroll- und Kommunikationsfunktionen wie z.B. Steuern, Regeln, Übertragen und Verarbeiten von Daten, Speichern oder Dokumentieren von Betriebszuständen, Setzen und Rücksetzen von Signalen, Lesen von Eingangsdaten, Überprüfen der Funktion, etc.

2.6 Elementare Montageprozesse

2.6.1 Ableitung der Grundprozesse in der Montage

Betrachtet man die Montage eines Produktes, ausgehend von der Anlieferung der Einzelteile bis hin zum fertig montierten und verpackten Endprodukt, so liegen die Bauteile, die Baugruppen und alle beteiligten Systeme, Energien und Informationen in den einzelnen Ebenen der Montage in einem mehr oder weniger definierten physikalischen oder auch chemischen Zustand vor, oder erfahren Zustandsänderungen sowie Zustandserfassungen. Ehrlenspiel spricht in diesem Zusammenhang auch von Stoff-, Energie- und Signalumsätzen /63/.

In der Literatur werden eine Vielzahl von Begriffen unterschiedlichster Art und Eindeutigkeit für diese grundlegenden Umsätze verwendet. Prinzipielle Arten von Montagefunktionen nennt z.B. Bullinger das 'Fügen', 'Justieren', 'Prüfen', 'Handhaben' sowie sogenannte 'Sonderfunktionen' der Montage /19/. Andreasen und Ahm teilen den Montageprozeß in 'Handhaben', 'Vereinigen', 'Prüfen' und 'Spezielle Prozesse' ein /64/, während Eversheim als Basisfunktionen der Montage das 'Fügen', 'Lagern', 'Handhaben', 'Kontrollieren' und 'Transportieren' bezeichnet /42/. Eine Vielzahl dieser Bezeichnungen für Montagefunktionen und Grundprozesse finden sich im Entwurf der VDI Richtlinie 2860 (Handhabungsfunktionen, Handhabungseinrichtungen, Begriffe, Definitionen Symbole) von Bild 2.20 wieder /66/. Sie werden hier Teilfunktionen genannt.

Bild 2.20: Teilfunktionen des Handhabens nach VDI 2860

Der Entwurf löst diese Teilfunktionen in sogenannte Elementarfunktionen des Handhabens auf. Damit sind die sieben Prozesse 'Teilen', 'Vereinigen', 'Drehen', 'Verschieben', 'Halten', 'Lösen' sowie 'Prüfen' gemeint. Der Entwurf weist diesen Funktionen Symbole zu und kombiniert sie mit den Fertigungsschritten der DIN 8580 (Fertigungsverfahren) /68/. Auf diese Weise sollte eine Basis für eine denkbare rechnergestützte Planung von Handhabungssystemen geboten werden /66/.

Im Rahmen dieser Arbeit wurde versucht, die VDI-Prozesse und Symbole anzuwenden. Sie weisen jedoch physikalische Doppeldeutigkeiten auf. Sowohl 'Teilen', 'Vereinigen' als auch 'Drehen' und 'Verschieben' lassen sich, nach den Erläuterungen des Entwurfes, auf Bewegungsprozesse zurückführen. Außerdem besitzen die Elementarfunktionen der VDI-Richtlinie einen Detaillierungsgrad, der für die Beschreibung von Montagesystemen zum Teil zu fein gehalten ist.

Zur spezifischen Beschreibung der Montagèvorgänge in einem Montagesystem erscheint es sinnvoll, grundlegende Prozesse zu definieren, welche zum einen physikalisch eindeutig sind und zum anderen einen Detaillierungsgrad aufweisen, der eine übersichtliche Darstellung in allen Ebenen der Montagestrukturen erlaubt. Mit insgesamt fünf grundlegenden Zuständen, Zustandsänderungen oder Zustandserfassungen kann, unter Berücksichtigung der VDI 2860, diese Forderung erfüllt und die Montage eines Produktes, aber auch alle Haupt- und Nebenumsätze, bzw. Vorgänge in Montagesystemenvollständig beschrieben werden. Diese Grundprozesse der Montage geben Antwort auf die Frage, 'was' in einem Montagesystem mit Bauteilen, Komponenten, Energie- und Informationseinheiten grundsätzlich geschieht.

Zur leichteren Identifikation in komplexeren Strukturen werden den Grundprozessen der Montage in Bild 2.21 graphische Symbole zugeordnet, die sich zum Teil auf die VDI Richtlinie 2860 beziehen und auf alle Umsatzarten (Signal, Energie, Stoff) angewendet werden können.

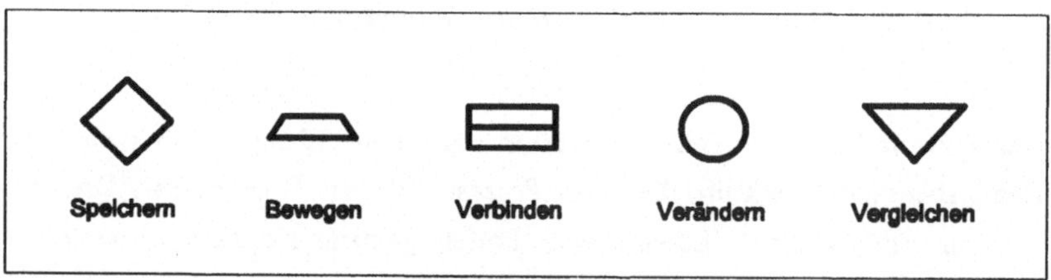

Bild 2.21: Grundprozesse der Montage

2.6.2 Montagegrundprozeß 'Speichern'

Der Montagegrundprozeß 'Speichern' hat zur Aufgabe, Bauteile, Komponenten, Energie- oder Informationseinheiten in einer, durchaus unterschiedlich exakt, definierten Position und Orientierung temporär zu halten. Im Falle von Stoffumsatz handelt es sich hierbei um die Herstellung, bzw. Erhaltung des statischen Gleichgewichts eines oder mehrerer räumlicher Kraftsysteme nach Bild 2.22.

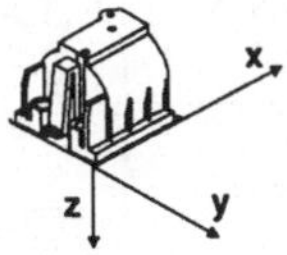

$$\sum_{i=1}^{n} F_{ix} = 0 \qquad \sum_{i=1}^{n} F_{iy} = 0 \qquad \sum_{i=1}^{n} F_{iz} = 0$$

$$\sum_{i=1}^{n} M_{ix} = 0 \qquad \sum_{i=1}^{n} M_{iy} = 0 \qquad \sum_{i=1}^{n} M_{iz} = 0$$

Bild 2.22: Gleichgewicht im räuml. Kraftsystem /60,69/

Dieses, zeitlich begrenzte Gleichgewicht kann vom Montageprozeß 'Speichern' in erster Näherung auf zwei Arten aufgebracht werden:

- Kraftschlüssig durch Reibung als Funktion von F_N, Oberflächen- und Werkstoffpaarungen,
- formschlüssig durch Kohäsion fester Körper als Funktion von Geometrie und Werkstoff.

Die Komplexität des Montageprozesses 'Speichern' wird bei Stoffumsatz zunächst durch den Bekanntheitsgrad von Position und Orientierung beeinflußt, den die zu speichernden Medien einnehmen. Der Bekanntheitsgrad 0 bezieht sich in allen weiteren Darstellungen auf Bauteile mit unbekannter Lage und Orientierung, während ein Bekanntheitsgrad von 3 die Lage und Orientierung von Bauteilen vollständig beschreibt. Je exakter die Position bzw. Orientierung in Bild 2.23 definiert oder vorgeschrieben ist, desto mehr Freiheitsgrade muß der Speicherprozeß dem zu speichernden Körper nehmen, desto mehr unterschiedliche Kräfte und Momente müssen vom Speicherprozeß aufgebracht werden. So verknüpft Bild 2.23 /66/ die Montageanforderung wie z.B. das Speichern von Bauteilen in Bekanntheitsgrad 3 mit der Forderung nach Kraft- und Momentengleichgewicht in allen Achsen (Freiheitsgrad = 0).

Bekanntheits-grad	Position	Orientierung	Freiheitsgrad beim Speichern
Grad 3	Ursprung des Bauteils befindet sich an einem definierten Punkt im Raum	Orientierung in allen drei Rotationsachsen bekannt	FG 0
Grad 2	Ursprung des Bauteils befindet sich beliebig auf einer Geraden	Orientierung in zwei Rotationsachsen bekannt	FG 1 – 2
Grad 1	Ursprung des Bauteils befindet sich beliebig auf einer Fläche	Orientierung in einer Rotationsachse bekannt	FG 3 – 4
Grad 0	Ursprung des Bauteils befindet sich beliebig im Raum	Orientierung in allen drei Rotationsachsen unbekannt	FG 5–6

Bild 2.23: Zusammenhang Bekannt- und Freiheitsgrad /66/

Weitere Einflußgrößen auf den Speicherprozeß können alle Parameter sein, die auf die Kraftübertragung einwirken, also unter anderem die Wirkflächen der Bauteilgeometrie, der Werkstoff und die Oberfläche der Teile, deren Zahl oder auch die zu speichernde Masse. Bezogen auf Energie- und Signalumsatz können z.B. Datenmengen und Formatierungen, die Energieart und die dabei anfallenden Leistungen auf den Speicherprozeß Einfluß nehmen. Der Grundprozeß 'Speichern' kann im wesentlichen durch folgende Parameter beeinflußt werden:

- Speichern = f (Position, Orientierung, Volumen, Flächenstruktur und Form, Werkstoff, Masse, Menge, Zeit, Energieart, Formatierung und Betrag)

2.6.3   Montagegrundprozeß 'Bewegen'

Der dynamische Grundprozeß 'Bewegen' kann bei Stoffumsatz allgemein als Zustandsänderung beschrieben werden, die ein Körper oder ein Montagesystem erfährt, wenn er auf die, in Bild 2.24 aufgeführte, Art und Weise seine (gespeicherte) Lage ändert. Der Körper durchläuft dabei in einer gewissen Zeit eine endliche Anzahl von Positionen sowie Orientierungen und kann seinen Bekanntheitsgrad gewollt oder ungewollt ändern. Hierbei gelten die Gesetze der Dynamik und der Kinetik. Auf die zu bewegenden Körper wirken über die geometrischen Wirkflächen Kräfte und Momente.

Zeitlicher Verlauf	stetig			mit Rast			mit Teilrücklauf			allg. ändernd		
Bewegungsart	Transl.	Rot.	Schr.	Transl.	Rot.	Schr.	Transl.	Rot.	Schr.	Transl.	Rot.	Schr.
gleichsinnig	→	↘	⟲	↦	↷	⟲	⇒	↷	⟲	↗	↯	↻
wechselsinnig	↔	↘	⟲	↔	↶	⟲	⇔	↶	⟲	↗	↯	↻

Bild 2.24: Bewegungsprozesse nach Ehrlenspiel /70/

Der Bewegungsprozeß schlüsselt sich dabei im wesentlichen in einzelne reibungsfreie oder reibungsbehaftete Bewegungsarten auf:

unbeschleunigte Bewegungen	beschleunigte Bewegungen
Weg $s = s_0 + vt$ Winkel $\rho = \rho_0 + \dot{\rho}\,t$	Weg $s = s_0 + \int_0^t v\,dt$ Winkel $\rho = \rho_0 + \int_0^t \frac{d\rho}{dt}\,dt$

Hieraus resultieren, den Fall konstanter Massen vorausgesetzt, unterschiedliche Kräfte bzw. Momente /60/:

Trägheitskraft	Trägheitsmoment	Reibungskräfte
$F = m\, \dfrac{dv}{dt}$	$M = J\, \dfrac{d\dot{\varphi}}{dt}$	$F = F_n\, \mu_{(haft,\ gleit,\ roll)}$
(m=konstant)	(J=konstant)	

Die Komplexität des Montageprozesses 'Bewegen' wird bei Stoffumsatz in erster Linie von den Bauteil- bzw. Medieneigenschaften (Masse, Volumen, Dichte, Massenträgheitsmoment) sowie den, zur Montage notwendigen oder geforderten Bewegungen und Beschleunigungen beeinflußt. Weiter können die geometrischen und werkstofftechnischen Eigenschaften der Bauteile auf die Reibverhältnisse wirken und die Bewegung betreffen. Außerdem wirken die Bekanntheitsgrade der Körper, deren Erhaltung, eventuelle Änderung oder auch Umgebungseinflüsse auf den Bewegungsprozeß.

Der Grundprozeß 'Bewegen' kann im wesentlichen durch folgende, physikalischen Größen beschrieben werden, wobei '1' den Ausgangszustand und '2' den Endzustand bezeichnet:

- Bewegen = f (Masse, Volumen, Dichte, Massenträgheitsmoment, Zeit, Bahn, Bahngeschwindigkeit, Bahnbeschleunigung, Werkstoff, Geometrie, Oberfläche, Zahl, Position-1-2, Orientierung-1-2, Energieart, Formatierung und Betrag)

2.6.4 Montagegrundprozeß 'Verbinden'

Der häufig als Haupt- oder Primärprozeß /4/ der Montage bezeichnete Vorgang des 'Verbindens' bezeichnet eine Zustandsänderung, die Bauteile, Montagesysteme, Energie- oder Informationseinheiten erfahren, wenn verschiedene Verbindungspartner aufeinander zu, von einer Position in eine andere, bewegt werden und dabei, im Falle von Stoffumsatz, in der Endposition in einem oder mehreren

Freiheitsgraden, auf jeden Fall in der umgekehrten Richtung der Verbindungsbewegung, bleibend oder nicht bleibend eingeschränkt sind. Dies kann Bauteile, Komponenten und Informationseinheiten betreffen.

Der Prozeß 'Verbinden' besteht hierzu in allen Fällen aus einem Bewegungsanteil mit den hierbei anfallenden Einflußgrößen bzw. Parametern und führt zu einem Kräftegleichgewicht an der Verbindungsstelle der beiden Verbindungspartner. Dieses Kräftegleichgewicht kann, analog zum Speicherprozeß, form- oder kraftschlüssig entstehen, oder aber unter Zuhilfenahme von stoffschließenden, energetischen oder chemischen Maßnahmen, wie z.B. durch Schweissen oder Kleben zustandekommen.

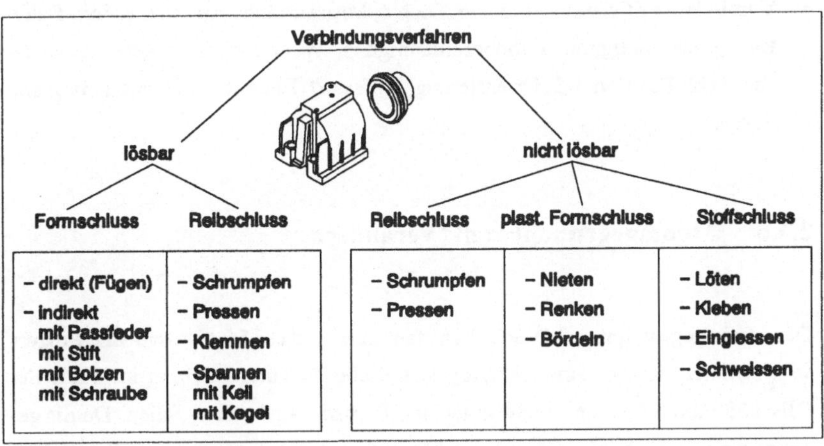

Bild 2.25: Verbindungsverfahren nach Ehrlenspiel /63/

Als neuen Zustand erzeugt der Prozeß 'Verbinden' aus den Verbindungspartnern eine temporäre oder andauernde Baugruppe aus Bauteilen und Montagesystemen oder z.B. ein neues Datenwort. Die zur Verbindung nötige Energie um z.B. Haltekräfte zwischen den Verbindungspartnern zu erzeugen, muß sehr oft vom Verbindungsprozeß aufgebracht werden. Der Prozeß 'Verbinden' geht in den meisten Fällen von einem konstanten Bekanntheitsgrad der Bauteil- oder Systemposition und Orientierung aus.

Die Komplexität des Montageprozesses 'Verbinden' wird bei Stoffumsatz durch die Bewegungsart beim Prozeß, durch die Geometrie und Toleranz der Verbindungspartner sowie den Betrag bzw. die Richtung der Verbindungskraft beeinflußt. Hierbei spielen die Wirkflächen bzw. der Wirkkontakt bei Erreichen der Endposition, aber auch der Einsatz eventueller Verbindungshilfsstoffe eine Rolle. Bei Signal- oder Energieumsatz komplizieren häufig Formatierungsarten und Größe, aber auch die geforderte Energieart und Leistung den Verbindungsprozeß. Der Grundprozeß 'Verbinden' kann im wesentlichen durch folgende physikalischen Größen beschrieben werden. Hierbei kennzeichnet der Index 1-2, wie in Punkt 2.6.3, die Ausgangs- und Endlagen der zu verbindenden Körper:

- Verbinden = f (Masse, Volumen, Dichte, Massenträgheitsmoment, Zeit, Bahn, Bahngeschwindigkeit, Bahnbeschleunigung, Werkstoff, Geometrie, Oberfläche, Zahl, Position-1-2, Orientierung, Hilfsstoff, Energieart, Formatierung und Betrag)

2.6.5   Montagegrundprozeß 'Verändern'

Der Montagegrundprozeß 'Verändern' faßt in Bezug auf Stoffumsatz alle Prozesse zusammen, welche eine fertigungstechnische Zustandsänderung im Sinne der DIN 8580 darstellen und nicht unter den Begriff 'Verbinden' fallen. Damit gemeint sind, nach Bild 2.25, alle in Montagesystemen auftretenden Formschaffungs-, Formänderungs- und Stoffänderungsprozesse wie z.B. spanende oder spanlose Bearbeitungsprozesse. 'Verändern' kann andererseits, angewendet auf Energie- und Informationseinheiten, einen Wandel in der Energieart, z.B. von pneumatischer in elektrische Energie, oder eine Veränderung der Energiestärke bedeuten.

Primäre Einflußparameter für Veränderungsprozesse sind die geometrische Formgebung und das Stoffverhalten der Körper, bzw. die Art und das Ausmaß der Energie- oder Formatänderung. Darüberhinaus können die Parameter aller anderen Montageprozesse den Prozeß 'Verändern' betreffen bzw. beschreiben.

- Verändern = f (Medium, Geometrie, Masse, Dichte, Oberfläche, Werkstoffeigenschaften, Zeit, Formatierung, etc.)

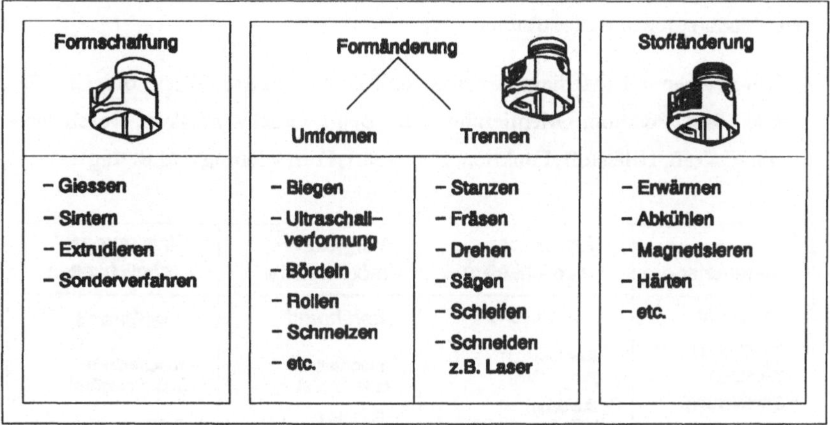

Bild 2.26: Veränderungsprozesse nach DIN 8580 /68/

2.6.6 Montagegrundprozeß 'Vergleichen'

Der Montageprozeß 'Vergleichen' beinhaltet alle Zustandserfassungen innerhalb der Montage und besteht in den meisten Fällen aus einer Prozeßkette von drei, miteinander gekoppelten Einzelschritten.

Vergleichen bedeutet das *Erfassen* eines physikalischen/chemischen Zustands, das *Vergleichen* dieses Zustands mit einem Normal und das *Initiieren* eines Signals. Die Erfassung kann hierbei sowohl analog, als auch digital, berührend oder berührungslos ablaufen und betrifft physikalische oder chemische Zustände sowie Zustandsveränderungen. Die erfaßten Parameter werden im weiteren Verlauf der Prozeßkette mit einem abgespeicherten Sollwert (z.B. einer Schablone, einer Skala oder einem Datenwort) verglichen. Das Ergebnis des Vergleichs kann eine analoge oder digitale physikalische Aktion auslösen. Der Prozeß 'Vergleichen' kann auf jede Umsatzart innerhalb der Ebenen der Montagesysteme und damit auf alle Montageprozesse angewendet werden. Er ist somit von allen Parametern der übrigen Montageprozesse beeinflußbar.

- Vergleichen = f (Medium, Geometrie, Toleranz, Masse, Werkstoff, Oberfläche, Zahl, Position, Orientierung, Zeit, Bahn, Geschwindigkeit, Beschleunigung, Kraft, Hilfsstoff, Funktion, Energieart, Formatierung und Betrag)

Erfassungs- parameter	Erfassungs- möglichkeiten	Vergleichs- möglichkeiten	Initiierungs- möglichkeiten
Produkt – Geometrie – Werkstoff – Orientierung – Oberfläche – Masse – Zahl – Funktion **Prozess** – Zeit – Kraft – Moment – Bahn – Geschwindigk. – Beschleunigung – etc.	**berührend** – mechanisch (z.B. Hebel) – fluidisch (z.B. Staudruck) – thermisch (z.B. therm. Leitung) – elektrisch (z.B. el. Widerstand) **berührungslos** – optisch (z.B. Reflexion) – akustisch (z.B. Dopplereffekt) – magnetisch (z.B. Anziehung) – elektrisch (z.B. Induktion) – etc.	**berührend** – mechanisch (z.B. Skala) – fluidisch (z.B. Vergleichs- druck) – thermisch (z.B. Temperatur) – elektrisch (z.B. Widerstand) **berührungslos** – optisch (z.B. Helligkeit) – akustisch (z.B. Referenzton) – magnetisch (z.B. Referenzpol) – etc.	**berührend** – mechanisch (z.B. Stellglied) – fluidisch (z.B. Druckimpuls) **berührungslos** – thermisch (z.B. Infrarotsignal) – elektrisch (z.B. Impuls, Welle) – optisch (z.B. Lichtsignal) – akustisch (z.B. US–Signal) – magnetisch (z.B. el. mag. Welle) – etc.

Bild 2.27: Vergleichsprozesse in der Montage

2.7 Strukturelle Beschreibungssystematik für Montagesysteme

Die in Punkt 2.6 hergeleiteten Montageprozesse machen es möglich, alle Ebenen der Montage mit vergleichbar einfachen Symbolen bzw. Parametern zu beschreiben. Eine derartige Beschreibung kann die Analyse und Synthese von Montagestrukturen sowie eine Erkennung der, auf sie einflußnehmenden Größen und Zusammenhänge erleichtern. Die folgende Betrachtung soll dies an Beispielen demonstrieren und durchläuft hierzu exemplarisch alle Ebenen der Montage, ausgehend von der Ebene einfacher Montagefunktionen, über die Funktionsträgerebene bis hin zu kombinierten Montagesystemen.

2.7.1 Beschreibung von Montagefunktionen mit Montageprozessen

Montagefunktionen wie Bunkern, Magazinieren oder Handhaben stellen eine nähere Spezifizierung oder Verkettung von grundlegenden Montageprozessen dar. Sie können entweder durch bloßes Aneinanderreihen von Elementarprozessen zusammengesetzt werden, oder unter Zuhilfenahme zusätzlicher Attribute wie z.B. der Bekanntheits- oder Freiheitsgrade von Bauteilen bzw. Montagesystemen beschrieben werden. So ist es beispielsweise möglich, einfache Montagefunktionen wie das 'Bunkern' durch einen Speicherprozeß mit einem Bekanntheitsgrad (0 oder 1) und drei oder mehr Freiheitsgraden zu charakterisieren (siehe auch Bild 2.23 und Bild 2.28). Die auf den Speicherprozeß einflußnehmenden Parameter sind hierbei aufgrund der, in Grenzen unbekannten Positionen und Orientierungen beim Bunkern auf die Wirk- bzw. Oberflächen, die Werkstoffe, Masse und Teilezahl eingeschränkt.

Montagefunktion	Montageprozess	Bekanntheit	Haupteinflussparameter
Bunkern Magazinieren Positionieren	Speichern ◇	0 oder 1 2 oder 3 2 oder 3	Geometrie, Werkstoff, Toleranzen, Oberfläche, gef. Freiheitsgrad, Masse, Zahl
Befüllen Transportieren Führen	Bewegen	0 bis 2 2 2	Bahn, Zeit, Beschleunigung, Masse, Zahl, Position, Reibverhältnisse, Geometrie
Fügen, Pressen Schweissen Kleben	Verbinden	A: 2 oder 3 B: 2 oder 3	Kräfte, Bahn, Zeit, Masse, Reibverhältnisse, Geometrie, Werkstoffe, Hilfsstoffe
Dehnen Biegen Prägen	Verändern ○	2 oder 3	Geometrie, Werkstoff, Toleranzen, Oberfläche
Abfragen Zählen Prüfen Erkennen	Vergleichen ▽	2 oder 3 2 oder 3 2 oder 3 0 bis 3	Geometrie, Werkstoff, Toleranzen, Oberfläche, Masse, Zahl, Kräfte, Position, Bahn, Zeit, etc.

Bild 2.28: Montageprozesse in einfachen Funktionen

Weitere einfache Montagefunktionen wie 'Magazinieren' oder 'Führen' werden durch Speicher- bzw. Bewegungsprozesse mit einem Bekanntheitsgrad (2 oder 3) und 0 bis 3 Freiheitsgraden definiert. Auf diese Montagefunktionen wirken alle Parameter und damit Einflüsse der Grundprozesse, wobei sich durchaus Unterschiede abzeichnen können. Hauptparameter beim Magazinieren sind in den meisten Fällen die zu erhaltende Position und Orientierung und in zweiter Linie Werkstoffe und Oberflächen. Beim 'Führen', wie es durchaus auch in Magazinen vorkommen kann, spielen hingegen Massenverhältnisse, Trägheitsmomente und Reibkoeffizienten eine hervorgehobene Rolle.

Komplexere Montagefunktionen, wie beispielsweise das 'Ordnen' in Bild 2.29, können durch eine Kombination von Speicher- und Bewegungsprozessen mit einem wechselnden Bekanntheitsgrad und sich ändernden Freiheitsgraden näher bezeichnet werden. Sie kombinieren auf diese Weise die Parameterbereiche beider Grundprozesse und damit auch deren Störungs- oder Einflußmöglichkeiten.

Montagefunktion	Montageprozesse	Symbolkette
Ordnen Sortieren	Speichern–Bewegen–Speichern mit zunehmendem Bekanntheitsgrad	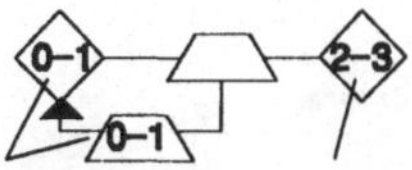
Sichern Spannen Greifen	Verbinden–Trennen mit konstanter Bekanntheitsgrad	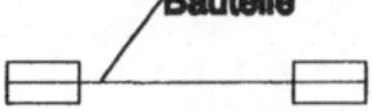
Handhaben	Verbinden–Bewegen–Trennen mit konstanter Bekanntheitsgrad	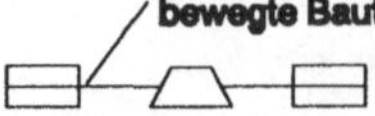

Bild 2.29: Funktionen mit kombinierten Montageprozessen

2.7.2 Beschreibung von Montagekomponenten mit Montageprozessen

Ähnlich wie die Funktionen der Montage mit elementaren Prozessen beschrieben werden können ist es möglich, die Struktur von Komponenten wie von Greifern, Magazinen oder Handhabungseinrichtungen auf diese Weise analysierbar zu machen. Hierzu integriert die Darstellung die einzelnen oder zusammengesetzten Prozesse, welche beispielsweise die Bauteile innerhalb der Montagekomponente erfahren (Primärprozesse). Zusätzlich zeigt die Funktionsstruktur in Bild 2.30 auch die Prozesse, welche zur Erzeugung der montagerelevanten Parameter nötig sein können und integriert hierzu den Fluß von Energie und Informationen in die Betrachtung (Sekundärprozesse). Die einflußnehmenden Parameter richten sich jetzt nach dem Primärprozeß und nach den Sekundärprozessen der Montagekomponente.

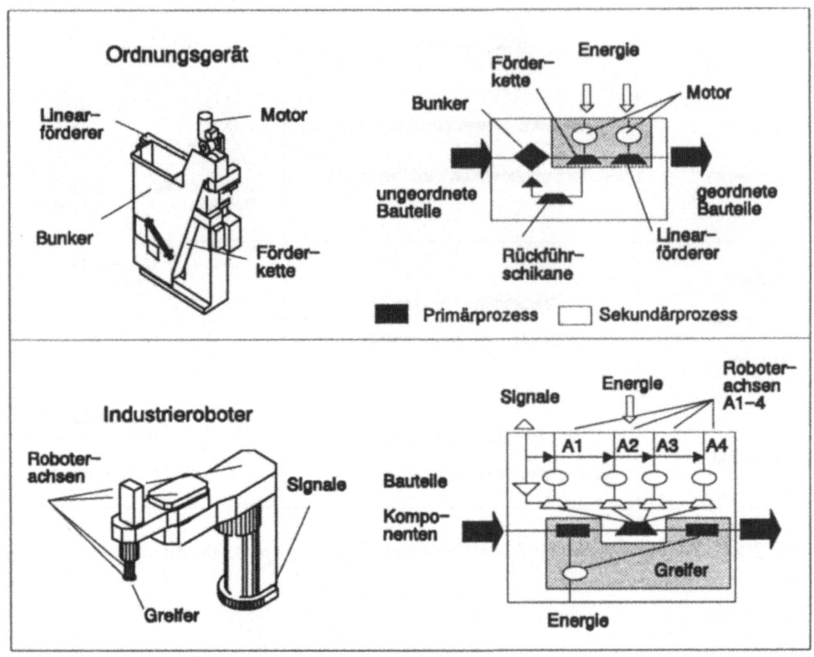

Bild 2.30: Montageprozesse in Komponenten

Am Beispiel des Ordnungsgerätes von Bild 2.30 sollen die Zusammenhänge näher erläutert werden. Als Primärprozeß erfahren die durchlaufenden Bauteile zunächst einen Speicherprozeß im Bunkerbereich der Montagekomponente. Die anschlie-ßenden Bewegungsprozesse führen die Bauteile durch mehrere Schikanen in ei-nen geordneten Zustand über, oder transportieren sie in den Bunkerbereich zu-rück. Um dies durchführen zu können, müssen Motoren innerhalb der Ordnungs-komponente für Bewegung sorgen. Sie sind in Bild 2.30 als energetische Wand-lungsträger gekennzeichnet. Der Schnittbereich beider Prozeßketten, z.B. an der Förderkette, zeigt die Prozeßwirkfläche von Komponente und Bauteil. Wechsel-wirkungen vom Bauteil zur Komponente können an dieser Stelle Einfluß nehmen. Ändert sich beispielsweise die Bauteilmasse, so kann dies via Förderkette auf die Motoren des Ordnungsgerätes wirken und im Extremfall zu Schäden oder Stillstand führen. Geometrische Änderungen der Bauteile würden im geschilderten Beispiel über die Prozeßwirkflächen im Linearförderer eine Anpassung der Ordnungsschikanen notwendig machen.

2.7.3 Beschreibung von Montagesystemen mit Montageprozessen

Die Beschreibung von Montagesystemen durch Montageprozesse bezieht sich auf all das, 'was' (Produkte), 'wie' (Prozesse) und 'womit' (Funktionsträger) in einem System montiert werden soll. Hierzu kann das Montagesystem mit allen Ebenen und den zugehörigen Prozessen bzw. Funktionen in einem Ebenenmodell abgebildet werden. Der Systemfluß (Material-, Energie- und Signalfluß) in und zwischen den einzelnen Ebenen kann unter Verwendung der, aus Kapitel 2.6 bekannten Prozeß-Symbolik vollständig beschrieben werden. Als Ergebnis erhält man ein Bild aller mechanischen, energetischen und informationstechnischen Zusammenhänge eines Montagesystems in Form eines Systemgraphen.

Bild 2.31 zeigt als Beispiel die funktionellen Zusammenhänge bei der Montage zweier Bauteile mit einem Industrieroboter. Hierzu sind im oberen Bereich die Abläufe in einem Layout dargestellt. Die beiden Bauteile erfahren im Montagesystem zunächst manuelle Ordnungsprozesse, werden auf Werkstückträgern plaziert und auf Transportbändern in den Arbeitsraum des Roboters eingefahren. Dort verriegeln Positioniereinrichtungen die Werkstückträger. Der Roboter greift nun ein Bauteil und fügt es. Anschließend werden Baugruppen und leere Werkstückträger aus dem Arbeitsraum entfernt. Im unteren Bildteil ist der Systemgraph für den Durchlauf des Bauteils 'Kolben' teilweise abgebildet.

Der Systemgraph in Bild 2.31 erlaubt dabei eine punktuelle Betrachtung und Analyse einzelner funktioneller Teilbereiche des Montagesystems und deren Einflußparameter, ermöglicht aber auch eine ebenenweise Betrachtung einzelner Umsatzarten. Zwingend nötige Kontrollvorgänge können auf diese Weise vorgeplant und in die Steuerungsauslegung einbezogen werden.

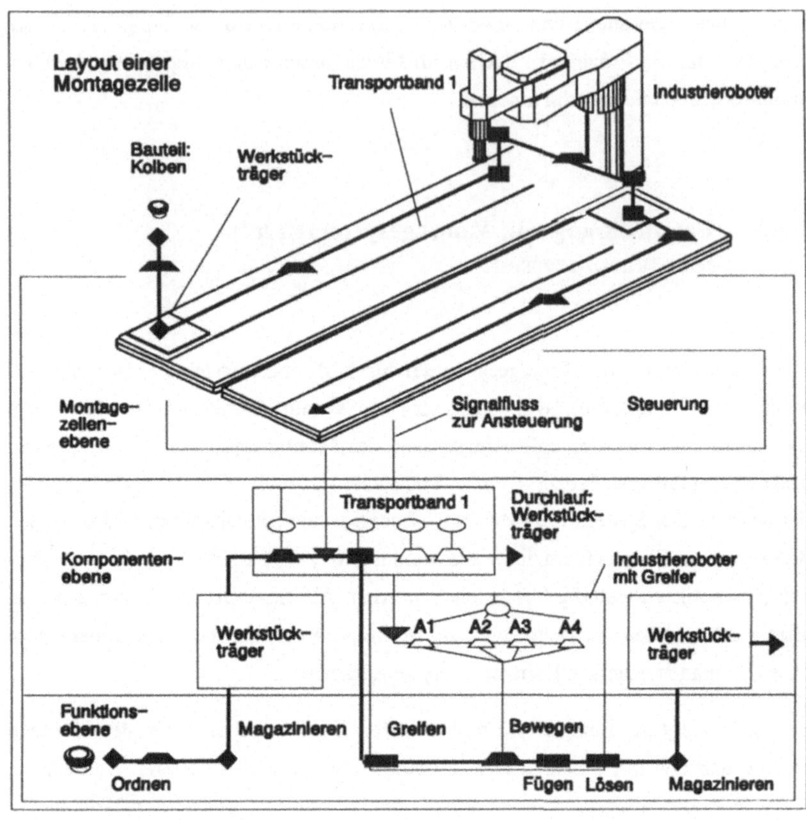

Bild 2.31: Systemgraph eines Montagesystems für Ventile

Die Abbildung der unterschiedlichen Ebenen der Montage mit ihren physikalischen Wirkzusammenhängen schafft für weitere Überlegungen, Analysen und Synthesen hinsichtlich flexibler Montagestrukturen ein vergleichbares und datentechnisch einbindbares Medium. Diese Betrachtungsweise soll helfen, anpaßbare Montagestrukturen anhand von Beispielen zu entwickeln, diese kostenmäßig zu erfassen und deren Nutzen berechenbar zu machen. Hierzu wird das Beschreibungsverfahren in Kapitel 4 in ein rechnerunterstütztes Hilfsmittel eingebunden.

3 Flexibilität in Montagestrukturen am Beispiel eines Bauteilespektrums aus dem Kleingerätebereich

3.1 Veränderungen der Montagesituation

Manuelle oder automatische Montagesysteme dienen, wie eingangs erwähnt, dazu, zwei oder mehr Bauteile miteinander zu verbinden. Derartige Systeme und Systemkomponenten waren bisher in den meisten Fällen auf eine bestimmte Montagefunktion oder auf ein definiertes Produkt bzw. Produktspektrum spezialisiert. Die Bedingungen für den Einsatz von Montagesystemen ändern sich jedoch aus mehreren Gründen:

* Der Markt fordert eine immer größere Variantenzahl und in immer kürzeren Abständen neue Produkte. Dies hat zur Folge, daß die *Produktionszeiten für ein Produkt (oft auch fälschlich als Produktlebensdauer bezeichnet) sinken.*

* Bei gleich großen Bedarfsmengen müssen immer kleinere Losgrößen gefertigt werden /75/ um Absatzrisiken zu minimieren. Dabei sinken die *zusammenhängenden Produktionszeiten für die einzelnen Lose bei konstanten Leistungsanforderungen an die Montage.*

* Die *Qualitätsanforderungen steigen*, es besteht von Seiten der Kunden ein Zwang zum Null-Fehler-Prinzip /77/ .

* Die zur Verfügung stehende *manuelle Arbeitszeit sinkt* aufgrund von Arbeitszeitverkürzungen. Darüberhinaus ist ein ständig steigender Mangel an qualifiziertem Personal festzustellen. Falls die Produktivität in der Montage beibehalten werden soll, hat dies eine *Steigerung der Personalkosten* zur Folge.

Diese Veränderungen fordern bei der Planung von zukünftigen Montagesystemen verstärkt eine Umorientierung, weg von bisher produktorientierten Strukturen, hin zu technologieorientierten Systemen. Montagesysteme sollten nicht mehr starr auf ihre Aufgabe eingestellt sein, sondern, in Analogie zu Bearbeitungszentren in der Fertigung, die Möglichkeit besitzen, an verändernde Produktionsbedingungen angepaßt zu werden, um so kleine Lose von immer wieder wechselnden Montageaufgaben wirtschaftlich bearbeiten zu können.

3.2 Flexibilität in Montagestrukturen

Flexibilität ist eine Systemeigenschaft /4,79/ und bezieht sich auf die prinzipielle Möglichkeit, ein System an Änderungen der Zustände und Bedingungen anzupassen /41,64,81,82/. Der Begriff 'Flexibilität' kann folgendermaßen spezifiziert werden:

Flexibilität in der Montage bzw. in Montagesystemen kann definiert werden als die *Anpaßbarkeit eines Systems an Änderungen bei den zu produzierenden Produkten* (Geometrie, Werkstoffe, Verbindungen, Massen, Zahl der einzelnenBauteile etc.), den *Produktionsanforderungen* (Montageumfang, Termine, Zeiten, Kosten etc.) sowie den *Produktionsbedingungen* (Betriebsmittel, Personal, Randbedingungen) .

Unterschiedliche Montageaufträge wie die serielle Montage von Ventilen oder von Bohrgetrieben in Bild 3.1, Systemstörungen und Fehler in den Systemrandbedingungen formulieren die Haupteinflußgrößen auf eine Montagezelle und damit die Forderung nach Anpaßbarkeit.

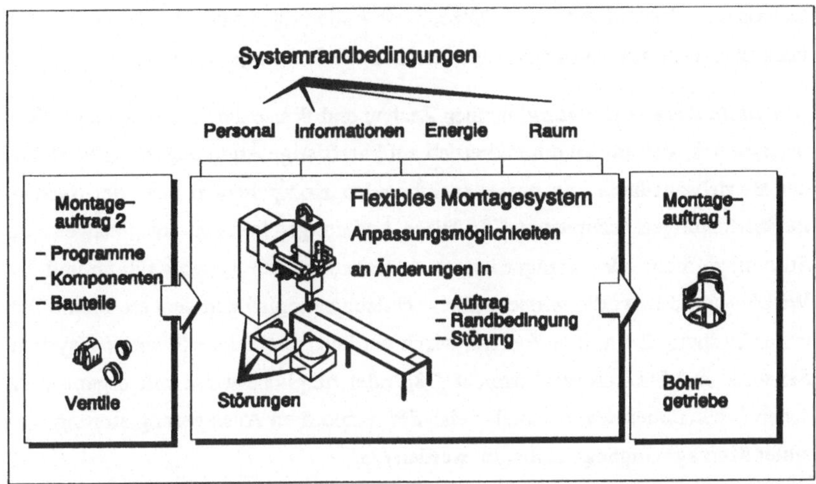

Bild 3.1: Flexibilität in Montagestrukturen

Änderungen in Montageaufträgen, Systemzuständen und Randbedingungen können nach Bild 3.2 diverse Ursachen besitzen und ein zeitlich differenziertes Auftreten aufweisen.

Zeitliches Auftreten	Änderungen	Beispiele für Ursachen
Kurzfristig	Produkt	– Toleranz–, Materialschwankungen
	Prozess	– Fehlende Bauteile, Anlagenstörungen
	Randbedingungen	– Störungen im Energie– u. Signalfluss
Mittelfristig	Produkt	– Neue Varianten, Bauteile
	Prozess	– Schwankende Mengen, Termine, Lose Anlagenbetriebsicherheit (Verschleiss)
	Randbedingungen	– Veränderte Personalsituation
Langfristig	Produkt	– Neue Produkte, Anlauf– o. Auslauf-phasen
	Prozess	– Anlagenerneuerung, geänderte Qualitätsvorgaben
	Randbedingungen	– Verschiebung der Produktionsstätte, neue Zeitmodelle, Kostenvorgaben

Bild 3.2: Zeitliches Auftreten von Änderungen

Es existieren in der Literatur Ansätze, diese Änderungen bzw. die Reaktionsmöglichkeiten nach dem zeitlichen Auftreten in zwei Ordnungen einzuteilen:

'*Flexibilität erster Ordnung*' nennen Zachau und Weise die Fähigkeit eines Montagesystems, sich im Automatikbetrieb auf kurzfristige Änderungen der Produkte, der Betriebszustände von prozeßausführenden Komponenten oder der Systemrandbedingungen anzupassen /78/. Diese Änderungen könnten beispielsweise als Störung zu mehr oder weniger langen Ausfallzeiten des Systems führen und den Wirkungsgrad bzw. die wirtschaftliche Nutzungsmöglichkeit senken. Flexibilität erster Ordnung kann, laut Zachau, durch ein leistungsfähiges Steuerungssystem, Sensorik und Stellreserven erreicht /78/, oder möglicherweise mit organisatorischen Maßnahmen wie beispielsweise der temporären Auslagerung störungssensibler Montagevorgänge realisiert, werden /73/.

'*Flexibilität zweiter Ordnung*' bezieht sich auf die Anpassung eines Montagesystems an mittel- und langfristig auftretende Änderungen an Produkten, Prozessen und Produktionsbedingungen und bedarf des 'Zutuns manueller Arbeitskräfte' /78/. Hierzu müssen alle, von den Veränderungen betroffenen Komponenten auf die neuen Aufgaben und Zustände angepaßt werden.

Die vorliegende Arbeit hat zum Ziel, Lösungssystematiken für den Bereich der Flexibilität zweiter Ordnung zu erarbeiten. Es wird jedoch, aufgrund eigener Untersuchungen, weit stärker differenziert. Flexibilität zweiter Ordnung, im weiteren nur 'Flexibilität' genannt, kann hierbei prinzipiell auf zwei Arten erreicht werden:

- Das Montagesystem und alle von der Änderung betroffenen Komponenten sind so vorbereitet, daß sie sich durch einfache Informationsverarbeitung, z.B. eine Umprogrammierung, verändern und anpassen lassen (*Interne Flexibilität*). Das bedeutet, daß im wesentlichen die Wirkflächen und Wirkbewegungen der Komponenten, z.B. eines Handhabungsgerätes, an eine neue Montageaufgabe anpaßbar sind. Den Idealfall stellen Systeme dar, in denen überhaupt keine Anpassung stattfinden muß. Bedingung ist, daß das System in gewissen Grenzen Änderungen der Montageaufgaben wie z.B. Toleranzschwankungen erlaubt. Es kann so als '*in Grenzen universell*' bezeichnet werden. Als Beispiel für intern flexible Montagesysteme sei hier ein Roboter genannt oder ein

Robotergreifer, der in der Lage ist, die Greifkräfte und Greifweiten den Produktänderungen anzupassen, oder der Änderungen in der zu bewegenden Masse bei unterschiedlichen Produkten erlaubt.

- Das Montagesystem wird durch Austausch von produktspezifischen Komponenten oder Unterkomponenten über die Systemgrenze hinweg an die geänderten Ein- und Ausgangsbedingungen angepaßt (*Externe Flexibilität*). In diesem Fall wären die Wirkflächen und Wirkbewegungen zwischen den Bauteilen und den zu wechselnden Komponenten starr auf ein Produkt oder ein Produktspektrum eingestellt, der Austausch erfolgt in der übergeordneten Systemebene manuell oder mit automatisierten Handhabungssystemen. Solche Systeme fordern eine weitgehende Normung der Systemschnittstellen und einen streng modularen bzw. kompatiblen Aufbau aller Systemebenen. Greiferwechselsysteme oder Magazine mit austauschbaren Einsätzen könnten hier als Beispiel genannt werden.

Die Anpassung einer Montageanlage an neue Betriebszustände sollte kostengünstig, sicher und schnell durchzuführen sein. Damit ist man in der Lage, die Anlagenkosten und Stillstandszeiten so klein wie möglich zu halten und wirtschaftlich zu produzieren. Eine vergleichende Analyse der beiden Anpassungsprinzipien ergibt folgende Schlußfolgerung:

- *Interne Flexibilität* an allen produktspezifischen Komponenten kann hohen Investitionsaufwand bedeuten, minimiert jedoch die Rüstzeit (vgl. Bild 3.4 und 4.4).

- *Externe Flexibilität* bedeutet die Möglichkeit, z.B. einfache produktspezifische Standardkomponenten zu wechseln. Dies kann den Investitionsaufwand senken, hat aber durch die anfallenden Wechselzeiten größere Rüstzeiten zur Folge.

Bild 3.3 zeigt beide Anpassungsprinzipien zweiter Ordnung am Beispiel eines Industrieroboters und eines extern flexiblen Schachtmagazins.

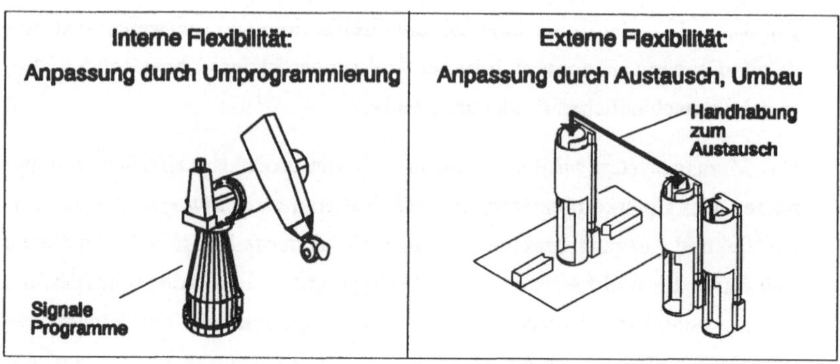

Bild 3.3: Flexibilitätsprinzipien in der Montage

Flexibilität erster und zweiter Ordnung und auch externe oder interne Flexibilitätsprinzipien werden in der Regel nicht getrennt eingesetzt. Vielmehr ergab die Analyse der untersuchten 80 Montagesysteme, daß sehr oft die Kombination von Flexibilitätsmaßnahmen mit einer geeigneten Strukturierung der Montageaufgabe zu der Montagestruktur eines flexiblen Montagesystems führt. Die prinzipiellen Möglichkeiten des Einsatzes von Flexibilität in Montagestrukturen sollen nun im Rahmen einer Modellbetrachtung aller Ebenen der Montage näher analysiert und an entsprechenden Versuchsaufbauten verifiziert werden.

3.3 Bauteilspektrum und Montageparameter für die Modellbetrachtung

Die Modellbetrachtung dieser Untersuchungen bezieht sich mit allen Parametern und Leistungsvorgaben auf ein konkretes Bauteilspektrum aus dem Bereich der elektromechanischen und pneumatischen Produktion. Es handelt sich hierbei um vier, durchaus unterschiedliche, bisher manuell montierte Produkte. Die Montageaufgabe reicht von Baugruppenmontagen bei Ventil und Reihenschalter, bis zu Komplettmontagen von Energieregler und Bohrgetriebe (Bild 3.4).

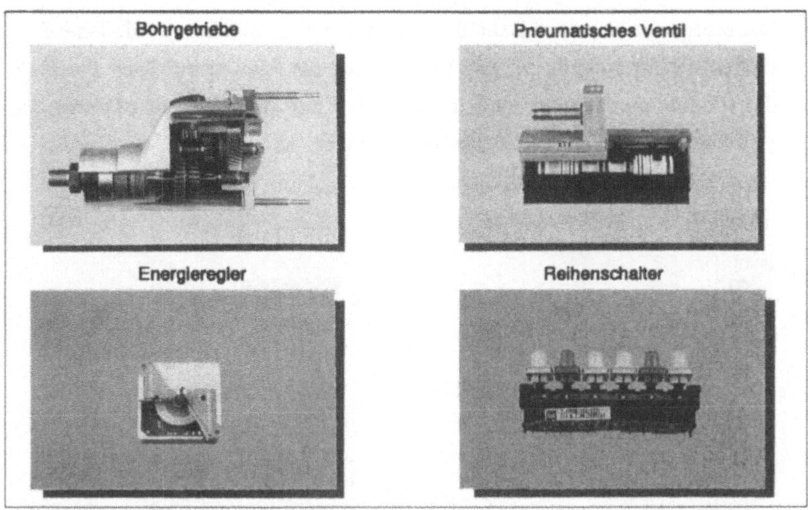

Bild 3.4: Produkte für die Modellbetrachtung

Die nachfolgende Übersicht von Bild 3.5 spiegelt den Bereich wieder, in dem die Montageparameter der Beispielprodukte maximal variieren können.

- Die zylindrische Hüllgeometrie der Einzelteile reicht von scheibenförmigen Einzelteilen des Energiereglers (D>>H) bis zu stangen- und stiftförmigen Elementen des Bohrgetriebes (D<<H). Die Größe der Bauteile variiert von Kleinteilen im 2-5 mm Bereich bis zu 200 mm bei den Gehäuseteilen am Bohrgetriebe.

- Die Fügekräfte betragen bei Preßverbindungen bis zu 6000 N. Ansonsten handelt es sich im wesentlichen um Steckverbindungen bis 200 N. Nur bei einem Beispielprodukt sind die Fügerichtungen einheitlich und geradlinig.

- Die geforderten Prozeßzeiten betragen 60 Sekunden bei den 49 Einzelteilen des Pneumatikventils und ca. 20 Sekunden bei den übrigen Produkten. Das Spektrum der einzelnen, notwendigen Prozeßzeiten erstreckt sich, aufgrund der unterschiedlichen Anzahl von Einzelteilen, von 0,5 bis 2,2 Sekunden.

- Die Masse der einzelnen Bauteile ist in Bild 3.5 für alle Einzelteile jedes Produktes separat aufgelistet. Man kann daraus die Massenverteilung innerhalb der Produkte entnehmen und, im Vergleich mit dem Taktzeitspektrum, auf Probleme mit Beschleunigungskräften schießen.

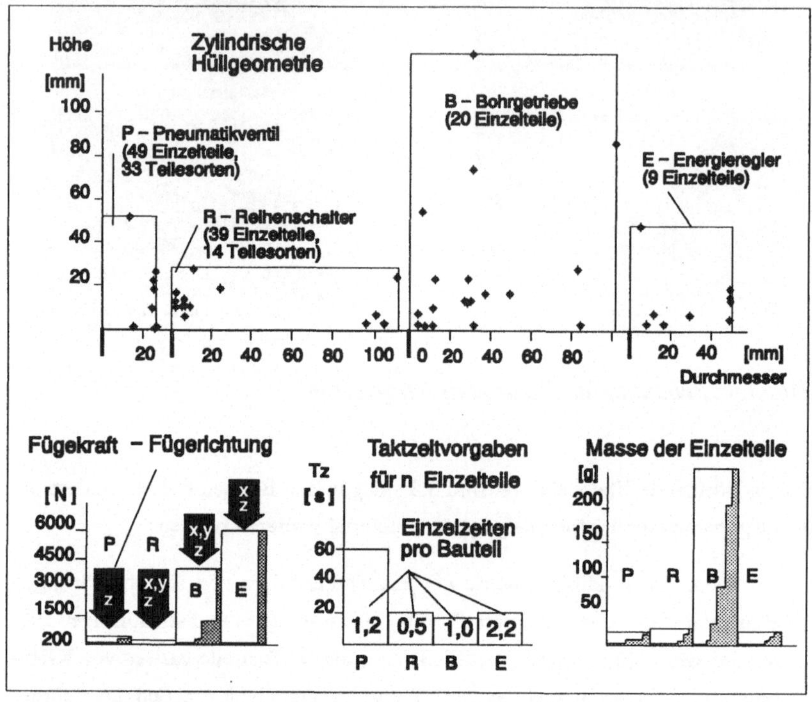

Bild 3.5: Montageparameter für die Modellbetrachtung

Die Kennfelder der Montageparameter zeigen, welche Veränderungen in den Montageparametern auftreten, wenn ein Wechseln einer Montageaufgabe stattfindet, also z.B. anstelle eines Bohrgetriebes mit 20 Einzelteilen und Fügekräften bis zu 4000 N, ein pneumatisches Ventil mit nahezu 50 Einzelteilen und Fügekräften bis max. 200 N montiert werden soll.

Mit Hilfe dieser Kennfelder und der Montageparameter bzw. deren Variation sollen Flexibilitätsprinzipien in Montagestrukturen hergeleitet werden.

3.4 Flexibilität in Montageanlagen

3.4.1 Analogiebetrachtung zu flexiblen Fertigungssystemen

Montageanlagen oder kombinierte Montagesysteme stellen eine materialflußmäßige Verkettung mehrerer einzelner Montagezellen dar. Wie in Kapitel 2.1 schon erwähnt, lassen sich solche Systeme durch die geforderte Montagefunktion oder Montageaufgabe, den strukturellen Aufbau aller Einzelsysteme sowie den im System stattfindenden Material- und Signalfluß charakterisieren. Ändern sich in einem Montagesystem die Montageaufgaben oder die Produktionsbedingungen, so sind alle Bestandteile oder Funktionsträger des Systems direkt oder indirekt von dieser Änderung betroffen.

Entscheidend für die Anpassungsfähigkeit oder Flexibilität einer Montageanlage ist, daß das Gesamtsystem schon in der Planungsphase auf mögliche Änderungen von Produkten, Prozessen oder Randbedingungen vorbereitet wird und damit als 'offen' bezeichnet werden kann. Die Anpassung von Montageanlagen auf neue Produkte oder Veränderungen der Montagezeiten, Variantenanteile, von Personal oder Kostenvorgaben kann hierbei in Analogie zu Flexiblen Fertigungszentren durchgeführt werden. Ähnlich wie bei dem Bearbeitungszentrum in Bild 3.6 Werkstücke, Werkzeuge und Vorrichtungen sowie die Bearbeitungsprogramme und Systemzustände über die Systemgrenzen ausgetauscht werden, ist dies auch bei flexiblen Montagesystemen möglich.

Um diese Analogie in Montagesystemen zu erreichen, muß das Montagesystem in den folgenden Systemebenen und Einzelsystemen anpaßbar sein:

- Auf der *Signalflußebene* müssen übergeordnete Kontroll- oder Steuerungssysteme sowie untergeordnete Prozeßführungssysteme der Einzelsysteme auf Änderungen eingestellt sein.

- Auf der *Montagesystemebene* müssen die *Montageeinzelsysteme* (Montagezelle) und deren *Materialfluß* eine Anpassung zulassen.

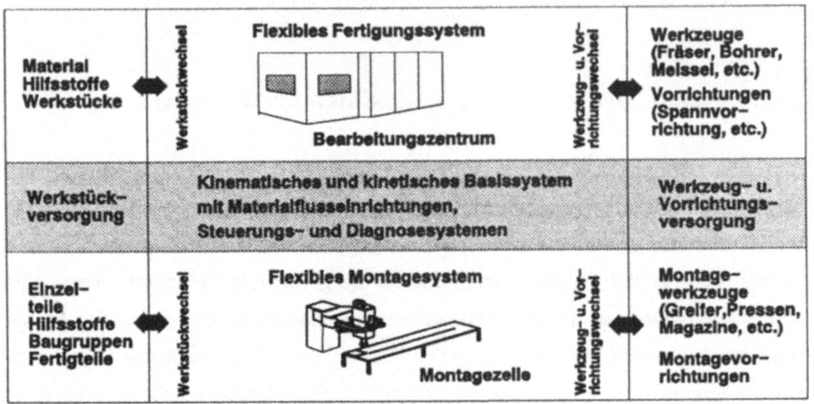

Bild 3.6: Analogie von Fertigungs- und Montagezentrum

3.4.2 Flexibilität in der Signalflußebene

Die übergeordneten Kontroll- oder Steuerungssysteme eines Montagesystems verwalten und steuern mit entsprechender Hard- und Software alle einzelnen Steuerungen oder Prozeßführungssysteme, den Materialfluß und die Montageeinzelsysteme. In dieser Ebene werden unter anderem Montageaufträge von Seiten der Produktionsplanung eingelastet oder Betriebsdaten und Bestände erfaßt bzw. gespeichert.

Ändern sich die Montageaufgaben und deren Parameter, so kann dies in unterschiedlichen Produktionsphasen auftreten und dabei auf verschiedene Produktionsbedingungen treffen.

* Das Montagesystem ist nicht an der Leistungsgrenze, die Technologie zur Montage eines neuen Auftrags mit Prozessen, z.B. zum Fügen von forminstabilen O-Ringen eines Ventils oder zum Verlöten der Kontakte eines Reihenschalters, ist vorhanden.
* Das Montagesystem ist nicht an der Leistungsgrenze, die Technologie zur Montage eines neuen Auftrags ist nicht vorhanden. Dieser Fall könnte z.B. auftreten, wenn, wie bei der Montage des Bohrgetriebes, hohe Fügekräfte erforderlich sind und diese vom Montagesystem nicht aufgebracht werden können.
* Das Montagesystem ist an der Leistungsgrenze, die Technologie zur Montage ist in den Einzelsystemen vorhanden.
* Das Montagesystem ist an der Leistungsgrenze, die Technologie zur Montage ist in den Einzelsystemen nicht vorhanden.

Jede Änderung in den Montageaufgaben oder Randbedingungen macht zunächst eine Analyse der Veränderung sowie der aktuellen Produktionsbedingungen notwendig. Das Steuerungssystem muß aufgrund dieser Analyse entscheiden, ob die geforderte Technologie für die Ausführung der geänderten Montageprozesse vorhanden und ob die benötigte Kapazität verfügbar ist. Hierzu sollten alle Betriebsmittel und deren Zustände im Montagesystem, z.B. durch ein permanentes Zustandsdiagramm oder einen Systemgraphen (vgl. Kapitel 2.6.3.), abgebildet sein. Das Steuerungssystem kann dann auf die vier geschilderten Produktionsbedingungen differenziert reagieren.

Die Informationen und Signale des Steuerungssystems werden bei einer Änderung der Montageaufgabe an die untergeordneten Prozeßführungssysteme der Einzelsysteme weitergegeben. Änderungen in den Montageaufgaben sind eng verknüpft mit Änderungen an Prozessen und damit an den zur Prozeßführung nötigen Befehlsketten. Diese Änderungen sollten den Signalfluß in der Kontroll- und Steuerungsebene, wenn möglich, weitgehend unberührt lassen. Maßnahmen zur Flexibilisierung des Signalflusses in der Steuerungsebene bieten /84/ an und schlagen nach Bild 3.7 die Aufspaltung des Signalflusses in eine modulare Informationseinheit, welche zellenunspezifisch arbeitet (Zellenrechner) und in die zellenimmanente Steuerung wie z.B der Robotersteuerung oder der SPS vor.

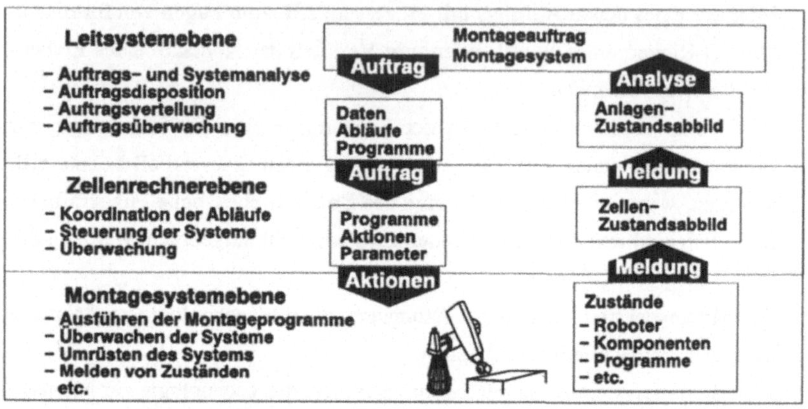

Bild 3.7: Flexibilität auf der Steuerungsebene

3.4.3 Flexibilität in der Ebene der Montagesysteme

Flexibilität im Bereich der Montagesystemebene wird in der Literatur in den meisten Fällen nur im Rahmen von Beispielen und hier fast ausschließlich für Montagezellen /2,4,5,7,8,15,16,20,21,26,27,31,32,62,76,79/ oder deren Komponenten /17,30,91,92/ beschrieben. Die hier anzutreffenden Lösungsvorschläge beziehen sich mit wenigen Ausnahmen auf spezielle, produktorientierte, zum Teil schon an Diagnose und Zellenrechnersysteme angebundene Montagesysteme /87/. Ein Übertragen der bereits für Fertigungsanlagen zur Verfügung stehenden Erkenntnisse über technologieorientierte Systeme auf die Ebene der Montagesysteme fand bisher jedoch noch nicht statt. Im Rahmen dieser Arbeit werden nun anhand einer

Analogiebetrachtung die Flexibilitätsstrukturen von Bearbeitungszentren auf Montagestrukturen angewendet. Diese Analogie kann unter kombinierter Anwendung von *externer* und *interner Flexibilität* in 6 Regeln gefaßt werden.

- *Regel 1*: Automatisierte flexible Montagesysteme sollten aus standardisierten, statischen und kinematischen Grundsystemen zusammengesetzt sein, welche weitgehend aufgabenneutral sind. Diese Einzelsysteme decken technologieorientiert die häufigsten Montagefunktionen (Montagegrundlast) ab und können hierzu unterschiedliche Automatisierungsgrade, Leistungsklassen bzw. Flexibilitätsgrade besitzen. Damit gemeint sind manuelle, starre oder flexible Systeme mit einem Spektrum von z.B. möglichen Montage- oder Bewegungsbahnen, Prozeßgeschwindigkeiten oder zu handhabender Masse.

- *Regel 2:* Montagewerkzeuge oder aber starre Montagevorrichtungen für spezielle Montageaufgaben sollten auf Magazinen integriert sein. Diese Magazine könnten beispielsweise in vorgelagerten Systemen extern parallel vorbereitet und bis zum Einsatz in Montagesystemen gespeichert werden. Im Falle eines Montageauftrags werden die Magazine mitsamt den Montagewerkzeugen automatisch oder manuell in die Standardmontagesysteme eingefahren und nach der Montage wieder aus dem System entfernt (*externe Flexibilität*).

- *Regel 3*: Die für die Montage notwendigen Bauteile sollten je nach Losgröße und Produktionsstückzahl auf mehreren Systemen in das Montagezentrum eingebracht werden. Hierzu sollte, gerade bei größeren Stückzahlen, auf eine Trennung von Montagefortschritt und Bauteileversorgung geachtet werden. Prinzipiell kann dies auf eigenen, getrennten Materialflußeinrichtungen, wie z.B. zwei Bandsystemen, auf eigenen Magazinen, oder zusammen mit den Montagewerkzeugen geschehen.

- *Regel 4:* Die Werkzeug- und Werkstückver,- bzw. entsorgung sollte, wenn möglich, primär auf zwei getrennten Materialflußeinrichtungen vollzogen werden. Dies schließt jedoch nicht aus, daß im Störungsfall, bei Aufgabenumverlagerungen oder aber bei sehr kleinen Losgrößen ein Aufgabentausch innerhalb der Materialflußsysteme durchgeführt werden kann. Die einzelnen Montagesysteme sollten entkoppelt arbeiten können. Störungen in den Betriebsbedingungen oder Montageaufgaben benachbarter Montagesysteme sollten vom Materialflußsystem möglichst nicht übertragen werden.

- *Regel 5:* Die zur Bearbeitung nötigen Montagebefehlsketten oder Programme sollten über den Leit,- bzw. Zellenrechner in das System eingelesen werden. Magazine, Werkzeuge, Bauteile und Bearbeitungsprogramme definieren die Aufgabe des Montagesystems.

- *Regel 6:* Die Möglichkeit zur Umschichtung und Aufspaltung von Montage-aufgaben mit dem Tausch von Aufgaben und der hierfür nötigen Technologie sollte gegeben sein. Damit gemeint sind beispielweise mögliche Störungsreaktionen, Aufgabenbereichsbildungen zur Vorbereitung der Bauteile (Kommissionierung von Schüttgut) oder aber zur Qualitätssicherung und Prüfung.

Die sechs Gestaltungsregeln flexibler Montagesysteme umfassen sowohl externe als auch interne Anpassungsmöglichkeiten. Sie wurden bei der Konzeption eines Montagezentrums für Kleingeräte angewendet.

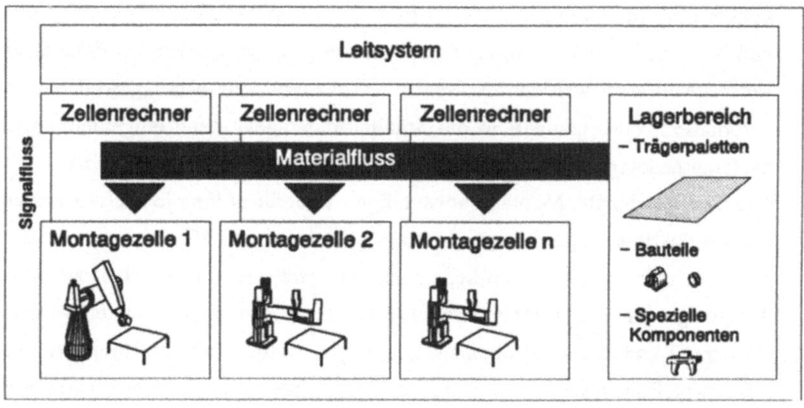

Bild 3.8: Konzept eines flexiblen Montagezentrums

Das in Bild 3.8 dargestellte Konzept besteht im wesentlichen aus unterschiedlichen, aufgabenneutralen Montagezellen als Basissystemen mit Industrierobotern und Aufnahmeeinheiten für Montagewerkzeuge. Die Montagewerkzeuge und Bauteile sind zum Teil auf Magazinen, sogenannten Trägereinheiten, integriert und in einem Lagerbereich abgelegt. Sie werden über automatische Materialflußeinrichtungen in die einzelnen Montagezellen eingefahren und wiederum entsorgt. Das Montagesystem ist an übergeordnete Zellen- und Leitrechner angebunden und an die in den einzelnen Produktionen vorliegenden Montageparameter oder auch an deren Schwankungen anpaßbar. Das Montagesystemkonzept von Bild 3.8 wurde im Rahmen dieser Arbeit in einer Pilotanlage zur Montage kleiner Losgrößen der geschilderten Beispielprodukte bis zur Zellenrechnerebene realisiert und soll im folgenden detailliert beschrieben werden.

3.4.4 Flexibilität am Beispiel der Pilotanlage 'Kleingeräte'

Die Pilotanlage 'Kleingeräte' wendet die Maßnahmen der Flexibilität in insgesamt vier standardisierten Montagezellen nach den, zuvor aufgestellten Regeln bzw. Konzepten, an. Im wesentlichen besteht das Montagesystem von Bild 3.9 aus den folgenden, aufgabenneutralen Grundsystemen sowie aufgabenspezifischen Montagewerkzeugen:

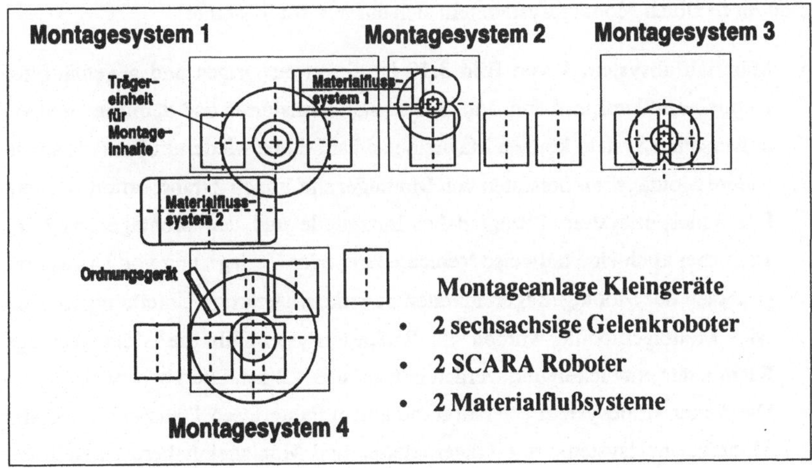

Bild 3.9: Layout der flexiblen Montageanlage

Neutrale Grundsysteme

- Standardisierte Montagezellen in zwei Leistungsklassen (4-Achsen-Montage, 6-Achsen-Montage)
- Standardisiertes, aufgabenneutrales Ordnungssystem,
- Materialflußsystem 1 zur Verbindung von Montagesystem 1 und 2,
- frei programmierbares Materialflußsystem 2 (FTS),
- flexibel standardisierte Diagnose- und Erkennungssysteme,
- Zellenrechneranbindung.

Spezifische Komponenten

- Trägereinheiten oder Paletten für Bauteile und Montagewerkzeuge (vgl. Bild 3.20,3.21,3.22),
- Magazine für Bauteile,
- Spezifische Montagewerkzeuge wie Magazine, Greifer, etc. (vgl. Bild 3.22),
- Bauteile,
- Bearbeitungs- und Diagnoseprogramme.

Der Aufbau der einzelnen Montagezellen sowie der produktangepaßten Trägereinheiten wird im Rahmen von Kapitel 3.4 noch näher behandelt. Der Materialfluß im flexiblen Montagesystem teilt sich auf in zwei Systeme:

- Materialflußsystem 1 von Bild 3.10 ist ein zweispuriges und gegenläufiges
Doppelgurt-Transportband. Mit diesem standardisierten und damit in Grenzen
universellen System können Magazine und auf ihnen wiederum Bauteile sowie
andere Montagekomponenten von Montagezelle 1 nach 2 transportiert werden.
Das Transportsystem 1 trägt dabei Einzelteile und den Montagefortschritt,
kann aber auch eine teilweise Verschiebung oder Verlagerung von Unterkomponenten der Montageträgereinheiten bewirken. Derartige Unterkomponenten
oder Montagemodule wurden als Baukastensystem für die Montageanlage
Kleingeräte entwickelt und werden in Kapitel 3.4.2 detailliert behandelt.
- Das Materialflußsystem 2 versorgt mit einem Fahrerlosen Transportsystem die
Montageeinzelsysteme mit Trägerpaletten und Montageinhalten. Es stellt ein

entkoppeltes, freiprogrammierbares System mit interner Flexibilität dar und ist direkt an einen Materialflußzellenrechner angeschlossen.

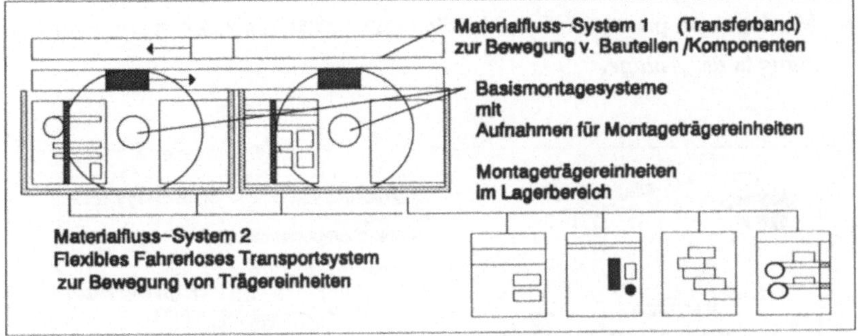

Bild 3.10: Materialflußsysteme in der Montageanlage

Der Materialfluß transportiert, neben Montagewerkzeugen und Vorrichtungen, ausschließlich Magazine und magazinierte Bauteile. Für den Fall, daß vor Ort in der Montage eine Ordnungsaufgabe anfallen sollte, kann in Montagesystem 4 eine flexible Ordnungseinrichtung aktiviert werden, welche diese Aufgabe übernimmt. Kurzfristig wird dann aus diesem Montagesystem eine, der Montage vorgeschaltete Kommissionierungszelle.

Alle vier aufgabenneutralen Montagesysteme sind datentechnisch in der, in Kapitel 3.4.2 und 3.4.3 beschriebenen Weise, mit Zellenrechnersystemen versehen. Ein direktes Einspielen der Bearbeitungsprogramme, synchron zur Beschickung der Montagegrundsysteme mit Trägerpaletten und somit mit Montagewerkzeugen, ist damit möglich.

Die Anpassungsmöglichkeiten des Montagesystems Kleingeräte soll im folgenden an verschiedenen Montageaufgaben bzw. Aufgabenänderungen am Zusammenspiel der Montageinzelsysteme 1 (6-Achsen-Montage) und 2 (4-Achsen-Montage) näher erläutert werden:

* Montage von Bohrgetrieben als *Einlastung eines Auftrags*,
* Montage von pneumatischen Ventilen als *Einlastung eines nachfolgenden Auftrags*,
* Montage von pneumatischen Ventilen unter *Erhöhung der maximalen Leistung in der Anlage*.

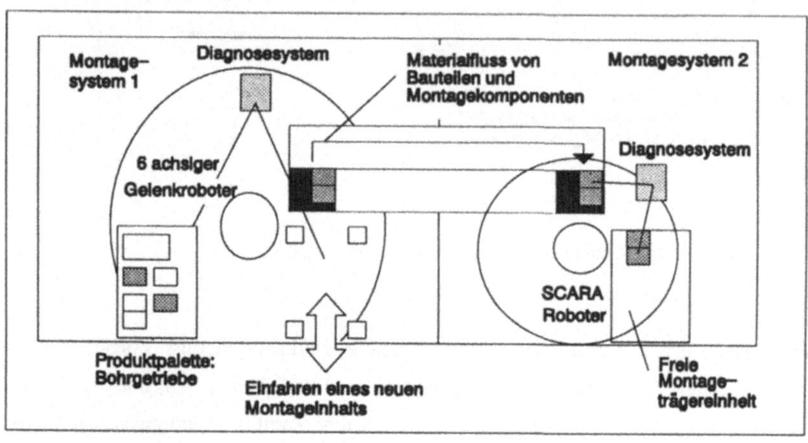

Bild 3.11: Montagezellen mit eingelastetem Bohrgetriebe

Im Grundzustand ist das, in Bild 3.11 dargestellte Montagesystem, noch nicht mit Trägerpaletten und Programmen für die Durchführung eines Montageinhalts ausgerüstet. Durch das Einfahren einer Montageträgerpalette, wie der Produktpalette für Bohrgetriebe, mit allen Montagekomponenten und Bauteilen, und das Laden der Montageprogramme für die Roboter und Diagnosegeräte (vgl. Kapitel 3.5.1), wird das System für den Montageauftrag spezifiziert. Erst dann kann die Montagesequenz vom Zellenrechner gestartet werden. Der 6-achsige Gelenkroboter führt die Montage von Bohrgetrieben aus. Montagesystem 2 ist in diesem Zustand noch ohne Aktion.

Tritt nun der Fall ein, daß alternativ oder zusätzlich zur Bohrgetriebemontage noch ein Pneumatikventil produziert werden soll, muß das System umkonfiguriert werden. Der Zellenrechner fordert hierzu eine Montageträgereinheit für Ventile mit den zur Montage notwendigen Werkzeugen und Bauteilen an. Das FTS positioniert diese parallel zur laufenden Montage des Bohrgetriebes im Arbeitsraum des Roboters (Bild 3.12). Nach dem Laden des Bearbeitungsprogramms kann der Montageauftrag bearbeitet werden, ohne daß Stillstandszeiten durch den Rüstvorgang anfallen.

Bild 3.12: Automatisches Einlasten eines Auftrags

Soll nun eine Leistungssteigerung, der mit 60 Sekunden Prozeßzeit belegten Montage des pneumatischen Ventils erreicht werden, muß der Auftrag aufgespaltet werden. Diese Aufspaltung zeigt Bild 3.13. Diejenigen Montageinhalte werden hierbei über das Materialflußsystem 1 zum benachbarten Montagesystem verschoben, welche zum einen eine taktzeitbestimmende Rolle spielen und von einem SCARA-Roboter ausgeführt werden können. Um dies zu ermöglichen, wurde per FTS zuvor eine Trägerpalette in das Montagesystem 2 eingefahren, welche mit Positionierungseinrichtungen für die entsprechenden Montagewerkzeuge ausgerüstet ist (vgl. Kapitel 3.5.3). Der Montageinhalt wird nun über das Materialflußsystem mitsamt des hierfür relevanten Greifers, der Montagevorrichtung und mit

den palettierten Bauteilen an das, bisher unspezifizierte Montagesystem 2 überge-
ben. Die endgültige Aufgabenübergabe erfolgt in dem Moment, wenn der Zellenrechner die entsprechenden Bearbeitungsprogramme an das zellenimmanente
Steuerungssystem überträgt.

Bild 3.13: Verschieben von Montageinhalten

Die in Bild 3.11 bis 3.13 abgebildete, flexible Montageanlage 'Kleingeräte' stellt,
mit der Kombination von materialfluß- und signalflußtechnisch verbundenen, aufgabenneutralen Montagezellen, einen Pilotaufbau eines Baukastensystems für
Montageanlagen dar. Das im Rahmen dieser Arbeit aufgebaute System ist in der
Lage, kleine Lose von Montageaufgaben unterschiedlichster Komplexität und
Leistung zu bearbeiten. Notwendig ist jedoch, daß die einzelnen Montagezellen
für die geschilderte Auftragsfolge ausgerüstet und entsprechend flexibel gestaltet
sind.

3.5 Flexibilität in Montagezellen

Einzelne Montagesysteme oder Montagezellen stellen eine materialfluß- und signalflußtechnische Verbindung mehrerer Funktionsträger dar. Derartige Systeme bestehen im wesentlichen aus Handhabungsgeräten, wie z.B. Industrierobotern mit der entsprechenden Steuerung und der sogenannten 'Montageperipherie'. Mit dem Begriff 'Peripherie' sind hierbei alle zur Montage nötigen Werkzeuge und Vorrichtungen (Komponenten) wie Greifer, Magazine, Sensoren, Steuerungen etc. gemeint.

Flexibilität oder Anpaßbarkeit in automatisierte Montagesysteme macht es häufig erforderlich, einige oder alle der beschreibenden Merkmale einer Montagezelle mit ihren Funktionsträgern einer Änderung am Produkt, an den erforderlichen Prozessen und Leistungsanforderungen sowie an den Montagerandbedingungen anzupassen. Im wesentlichen können von einer solchen Änderung in einer Montagezelle betroffen sein:

- Die Abläufe in der Montagezelle in Bezug auf Signal-, Material- und Energiefluß,
- die Struktur eines Montagesystems bzw. die strukturelle Anordnung aller Komponenten,
- die Montagewerkzeuge oder Komponenten eines Montagesystems selbst.

Um diese Änderungen zu ermöglichen, wurde im Rahmen dieser Arbeit ein Baukastensystem für flexible Montagezellen entwickelt, das sich am Aufbau von flexiblen Bearbeitungszentren der Fertigungstechnik orientiert. Im wesentlichen bestehen alle Montagezellen aus einem, in Grenzen produktneutralen Grundaufbau oder Basissystem, mit flexiblen Diagnosesystemen sowie einer datentechnischen Anbindung an übergeordnete Zellenrechner. Alle Komponenten, Montagewerkzeuge und Bauteile sind magaziniert und auf Trägerpaletten gelagert. Die Montageaufträge werden mit den bereits beschriebenen Materialflußeinrichtungen in das System eingefahren oder zwischen den Montagezellen bewegt.

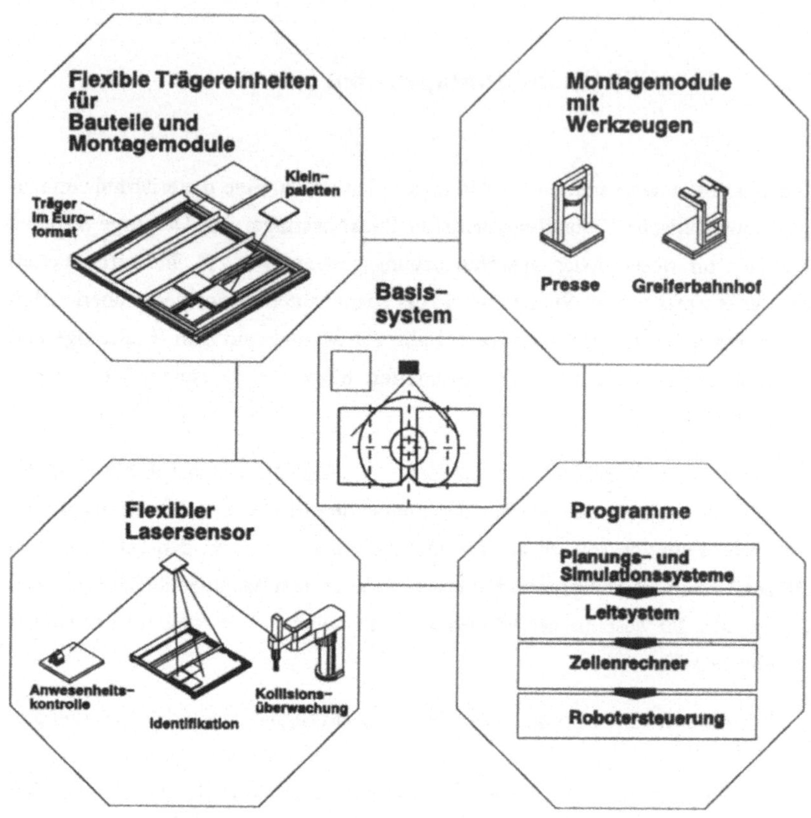

Bild 3.14: Flexibles Baukastensystem für Montagezellen

Die Möglichkeiten der Anpassung von Montagezellen in den unterschiedlichen Bereichen des Montagesystems Kleingeräte sollen im weiteren Verlauf dieser Arbeit an der Montagezelle 3 von Bild 3.9 näher erläutert und diskutiert werden. Die Flexibilität zeigt sich an folgenden Bereichen und Merkmalen:

- Im Kontrollbereich an einer multitaskingfähigen Robotersteuerung, sowie dem flexiblen Diagnose- und Sensorsytem,

- im Bereich der Montagehauptfunktion am intern flexiblen Handhabungssystem (SCARA-Roboter)

- im Bereich der Montagenebenfuktion an der Materialflußanbindung über FTS, der Peripherie auf Montageträgerpaletten (flexibel und starr) sowie an modulare Montagewerkzeugen mit standardisierten Koppelstellen (mechanisch, pneumatisch, elektrisch).

3.5.1   Flexibilität im Steuerungs- und Überwachungsbereich

Eine Anpassung an neue Montageaufgaben kann im Bereich der Steuerung durch das Einspielen von Programmen von neben-, bzw. übergeordneten Systemen (Zellen- und Leitrechnern) erfolgen. Eine weitere Möglichkeit ist der Austausch von Speichermodulen (z.B. EPROM, Floppydisk).

Im Bereich der Diagnosesysteme werden zur Überwachung üblicherweise zahlreiche berührende oder berührungslose Sensoren angewendet und an auswertende Steuerungen angeschlossen. Diese Sensoren tasten z.B. Bauteile ab und prüfen damit Anwesenheiten, Füllstände von Magazinen, aber auch Endlagen von Zylindern und Vorrichtungen. Sie sind meist in unmittelbarer Nähe der zu überwachenden Objekte starr angebracht.

Um die Flexibilität des Montagesystems zu erhöhen und um die Kosten der produktangepaßten Montageträgereinheiten zu senken, wurde ein am iwb entwickeltes Sensorsystem eingesetzt /30/, welches zentral in ca. 3 m Höhe über der Montagezelle angebracht ist. Dieses System tastet die Bauteile, Füllstände oder Kollisionszonen mit einem Laserstrahl ab. Der Sensor wertet das diffus reflektierte Licht aus und vergleicht es mit abgespeicherten Soll-Werten. Auf diese Weise ist es möglich, Montageträgereinheiten mit allen im Sichtbereich des Sensors liegenden Komponenten und Bauteilen in einem Arbeitsraum von etwa 3 x 10 m bis zu einer minimalen Größe von 1 mm zu lokalisieren bzw. das Fehlen zu registrieren. Das Sensorsystem kann hierzu, wie Bild 3.15 zeigt, sowohl Einzelauswertungen als auch Summenauswertungen durchführen. Der Lasersensor wird in der flexiblen Montagezelle zu folgenden Diagnoseaufgaben herangezogen:

- Auswertung von Bauteil- und Komponentenanwesenheiten
- Kollisionschutz durch Störstellenabfrage
- Decodierung von Montageträgereinheiten (Image control)

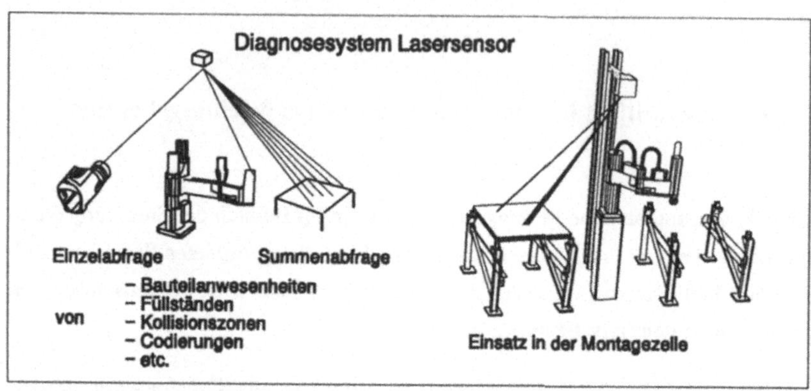

Bild 3.15: Lasersensor zur Überwachung der Montagezelle

Bei einer neuen Montageaufgabe muß einzig das Sensorsystem und der Roboter, beispielsweise von einem Zellenrechner aus, mit neuen Programmen versorgt werden. Dadurch wird die sonst bei einem Tausch der Montageaufgabe notwendige, externe Flexibilität in interne Flexibilität umgewandelt.

3.5.2 Flexibilität im Bereich der Montagehauptfunktion

Der Industrieroboter stellt das kinematische und kinetische Bindeglied zwischen der Steuerung und den einzelnen Komponenten dar. Eine Anpassung der Montagemaschine 'Roboter' kann dabei nur innerhalb der kinematischen bzw. kinetischen Möglichkeiten des Gerätes erfolgen. Müssen zur Durchführung einer Montageaufgabe beispielweise Massen bewegt werden, welche die Tragkraft des Roboters übersteigen, oder sind zum Verbinden hohe Käfte notwendig, so kann entweder der Roboter extern flexibel ausgetauscht werden. Oder aber, additive periphere Komponenten führen diesen speziellen Montageprozeß aus. In der vorliegenden Montagezelle wurde das Problem zu großer Fügekräfte am Produkt Bohrgetriebe ($F = 4000$ N) beispielsweise durch ein extern flexibles Pressenmodul gelöst, welches bei Bedarf mit der Montageträgerpalette in die Zelle eingefahren wird (vgl. auch Bild 3.20).

3.5.3   Flexibilität im Bereich der Montagenebenfunktionen

Die Montagezelle kann im Bereich der Montagenebenfunktionen, also der Peripherie und des Materialflusses, in zwei getrennte Abschnitte eingeteilt werden:

- Abschnitt 1 - produktneutraler Grundaufbau
- Abschnitt 2 - produktangepaßte Trägerpaletten und Werkzeuge

3.5.3.1   Produktneutraler Grundaufbau

Bei der Entwicklung des produktneutralen Bereichs der Montagezelle wurde das Ziel verfolgt, ein Minimum an Montagewerkzeugen bei einem Tausch der Montageaufgaben aus dem Arbeitsraum zu entfernen und in einem Lagerbereich unproduktiv zu speichern. Man kann diese 'Neutralisierung' von peripheren Komponenten durch die folgenden Maßnahmen erreichen:

- Standardisierung des mechanischen Grundaufbaus und der Energieversorgung,
- einheitliche Schnittstellen im Montagesystem zwischen den einzelnen Ebenen des Systems wie z.B. zwischen Grundaufbau bzw. Materialfluß und Trägerpaletten oder zwischen Handhabungsgerät und Montagewerkzeug,
- Zentralisierung von Überwachungsfunktionen (Lasersensor).

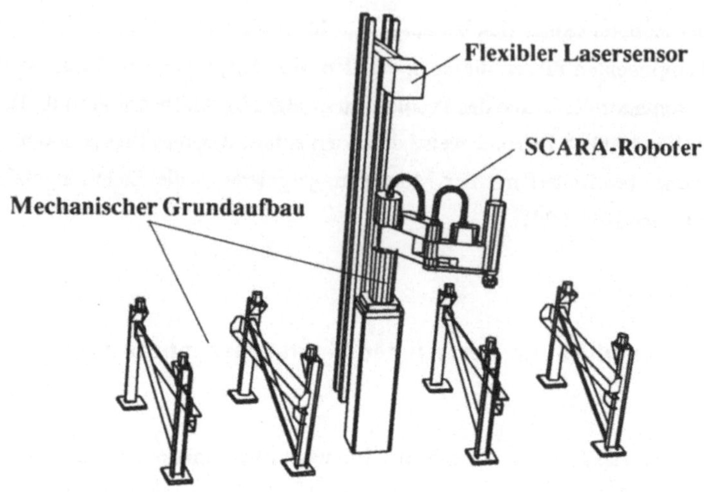

Bild 3.16: Produktneutraler Grundaufbau

Der mechanische Grundaufbau in Bild 3.16 besteht im wesentlichen aus zwei Grundgestellen für Montageträgereinheiten. Diese Grundgestelle können von einem Fahrerlosen Transportsystem angefahren werden und zentrieren die Montageinhalte in einer Toleranz von ± 0.1 mm im System. In den Grundaufbau integriert sind alle pneumatischen Versorgungs- und Schaltelemente (standardisierte Integrationsmodule H142C der Fa. FESTO /58/) sowie die entsprechende Koppelstelle zur Montageträgerpalette. Diese Schnittstellen zwischen den Trägerpaletten und dem Grundaufbau übertragen die gesteuerte Arbeitsluft (6 bar) und die elektrische Energie (24V, 0.05 A) an die Montageträgereinheiten und die Montagemodule. Sie sind mit 20 Luft- und Stromleitungen ausgerüstet. Auf diese Weise erhält man, in Analogie zu der bereits beschriebenen Zentralisierung aller Sensoren im System, eine Verschiebung der produktspezifischen Kostenanteile der Trägerpaletten in den standardisierten, produktneutralen Bereich der Montagezelle.

Bild 3.17: Standardisierte Energieschnittstelle

3.5.3.2   Produktangepaßte Systemkomponenten

Die im System verwendeten, extern flexiblen Montageträgerpaletten stellen eine Analogie zu Bearbeitungszentren und den dort eingesetzten Bauteilträgern dar. Sie dienen zum Transportieren und Positionieren aller, für die Montage z.B des Energiereglers benötigten, produktspezifischen Peripheriekomponenten (Greifer, Magazine, Montagestation, Pressenmodule). Die Trägereinheiten bestehen zu diesem Zweck aus einem genormten Grundrahmen im Euro-Format 1000 x 1200 mm, der auf seiner Unterseite die Gegenstücke der mechanischen Positionierungen, sowohl für den Transport mit dem FTS als auch für die wiederholgenaue Positionierung im Grundaufbau der Montagezelle trägt. Auf diesen, in Bild 3.18 dargestellten Trägerpaletten können sich auch kleine Lose von vorkommissionierten Einzelteilen befinden. Im vorliegenden Beispiel besitzt die Montageträgereinheit eine Kapazität von 100 Reglern.

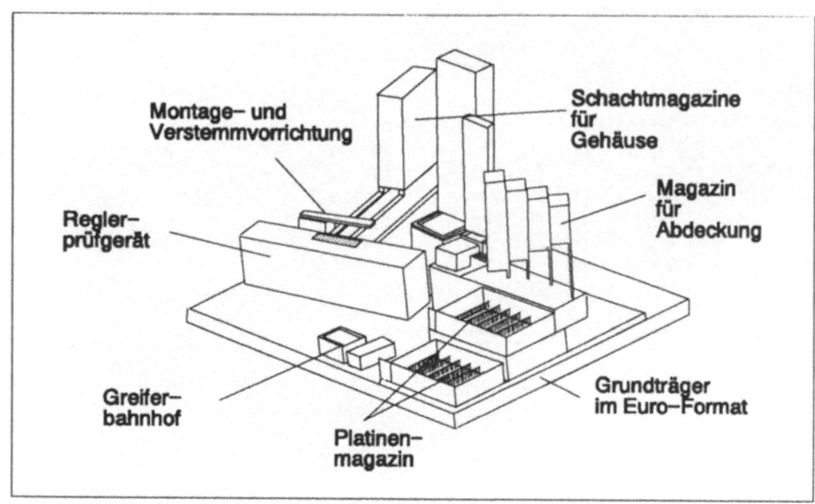

Bild 3.18: Montageträgerpalette für Energieregler

Bild 3.19 zeigt das automatische Einlasten eines Montageauftrags für Ventile in die Montagezelle. Der SCARA-Roboter ist währenddessen mit der Prüfaufgabe an einem Reihenschalter beschäftigt.

Bild 3.19: Einlasten einer Trägerpalette für Ventile

Montageträgerpaletten können nun selbst unterschiedliche Flexibilitätsgrade aufweisen. Dies wird dann nötig wenn, wie in Kapitel 3.4.4 gefordert, eine Umstrukturierung von Teilinhalten eines Montageauftrags stattfinden muß. Für diesen Fall können die entsprechenden Komponenten auf der dargestellten Trägerpalette nicht mehr starr befestigt werden, sondern müssen ihrerseits extern flexibel austauschbar sein.

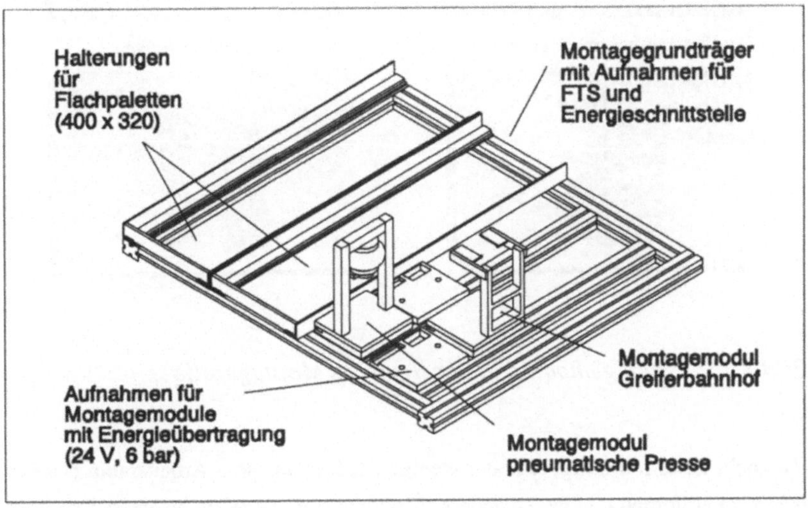

Bild 3.20: Varianten der Montageträgerpaletten

Im Rahmen dieser Arbeit wurden zu diesem Zweck Trägerpaletten entwickelt und für die Montage von Ventilen und Schaltern eingesetzt, die gestaffelt selbst externe oder interne Flexibilität besitzen. Diese in sich flexiblen Trägerpaletten erlauben es, einzelne standardisierte Montagemodule als Untermengen der auf den Trägereinheiten positionierten Montageinhalte auszutauschen oder anzupassen. Bild 3.20 zeigt zwei solcher Module am Beispiel eines Greiferbahnhofs und einer Pressenstation. Diese Modularisierung schafft neben einer höheren Flexibilität auf den Trägereinheiten noch weitere Vorteile: Bei einem Variantenwechsel müssen nun nicht mehr alle Einheiten komplett getauscht werden.

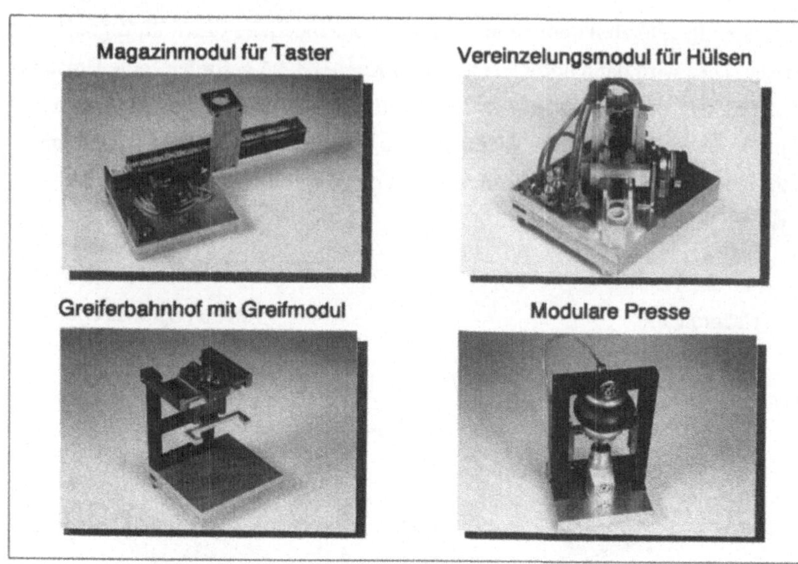

Bild 3.21: Montagemodule in der flexiblen Montagezelle

Vielmehr ist es nur nötig, ein oder wenige Module aus dem Arbeitsraum des Roboters zu entfernen und gegen andere 'Montagewerkzeuge' zu ersetzen. Der Wert der auszutauschenden Module ist in diesem Fall wesentlich geringer als bei einem Gesamtaustausch der Trägereinheit. Außerdem kommt diese, in Bild 3.20 und 3.21 gezeigte Modularisierung auch der Betriebssicherheit zugute. Standardisierung bedeutet, daß aufgrund des wiederholten Einsatzes der Montagewerkzeuge Erfahrungen mit diesen Elementen vorhanden sind und damit, im Vergleich zu Neuentwicklungen, auch die technische Verfügbarkeit derartiger Komponenten in vielen Fällen besser ist. Im Störungsfall selbst kann das defekte Modul aus der Montagezelle entfernt werden und der Roboter bearbeitet, sofern möglich, solange Teilmontageprozesse, bis der Defekt des Moduls behoben ist.

Ein Tausch von Montagemodulen erfordert eine Handhabung in der Montagezelle oder über die Grenzen hinweg. Dieser Tausch kann automatisch, z.B. vom FTS oder einem Handhabungsgerät vorgenommen werden, aber auch manuell erfolgen.

Die Wirkflächen zwischen den Montagewerkzeugen und Trägerpaletten sowie dem automatisch tauschenden Medium sollten bei einem solchen Austausch möglichst standardisiert sein. Trägereinheiten und Montagemodule sind hierzu mit unterschiedlichen, genormten Schnittstellen ausgerüstet, die eine solche externe Anpassung ermöglichen. Es handelt sich um mechanische und energetische Koppelstellen zwischen den folgenden Ebenen der Montagezelle:

- Schnittstelle zwischen Montagewerkzeugen und der Trägerpalette
- Schnittstelle zwischen Montagewerkzeugen und dem Handhabungsgerät

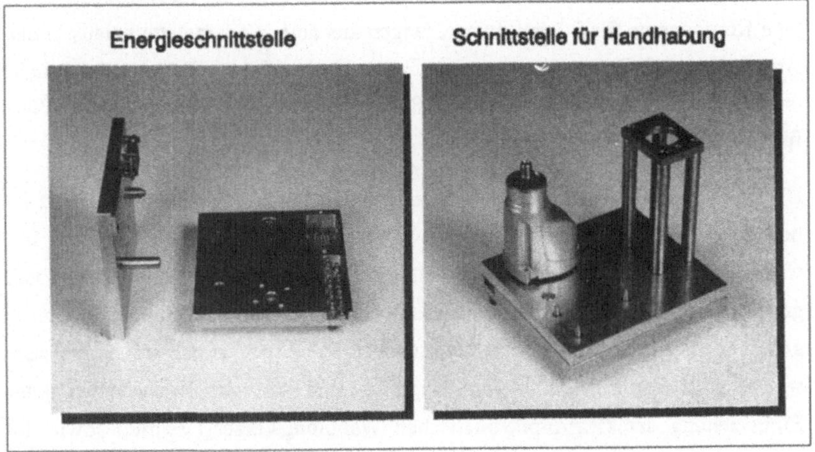

Bild 3.22: Energie- und Handhabungsschnittstelle

Beide Schnittstellen übertragen gesteuerte Arbeitsluft (6 bar) und elektrische Energie auf die Montagewerkzeuge. Sie besitzen pneumatisch/mechanische und pneumatisch/magnetische Verriegelungen, welche das Werkzeug zum einen auf der Trägerpalette arretieren und zum anderen bei der Handhabung sichern.

Während die Schnittstellen zwischen den Montageträgerpaletten und den Montagewerkzeugen im Rahmen dieser Arbeit entwickelt und erprobt wurden, bot sich für die Handhabungsschnittstelle der Einsatz der mechanischen Wirkfläche und des Greifmechanismus' des, im Montagesystem Kleingeräte standardmäßig eingesetzten Greiferwechselsystems an. Mit dieser, in Bild 3.22 gezeigten, relativ einfachen mechanischen Einrichtung sind alle austauschbaren Magazine, Greiferbahnhöfe, Prüfstationen, etc. ausgerüstet. So ist es im Zusammenspiel mit dem Handhabungsgerät möglich, Unterkomponenten der Trägereinheiten zu wechseln oder die Trägereinheiten umzustrukturieren. Der Roboter ist nun in der Lage, beispielsweise aus einem Komponentenlager heraus, die für eine Montageaufgabe notwendige Peripherie zu entnehmen und auf einer entsprechend unbelegten Montageträgerpalette aufzubauen.

In Bild 3.23 ist dies am Beispiel einer Prüfeinrichtung gezeigt. Der Roboter lagert eine Komponente für Stichprobenprüfungen aus einer Lagerpalette heraus in den Arbeitsraum der Reihenschaltermontage ein. Nach erfolgter Prüfung der Schaltcharakteristik eines Schalters wird die Prüfkomponente wieder abgelegt, um Platz für den Montagevorgang zu schaffen.

Die hier vorgestellte Montagezelle 3 der Montageanlage 'Kleingeräte' besitzt einen hohen Grad an Standardisierung von Steuerung, Programmierung und Betriebsmitteln. Sie ist direkt aus der Leit- und Zellenrechnerebene, aber auch von grafischen Simulationssystemen aus ansprechbar und auf unterschiedliche Montageaufgaben, Störungsfälle und Leistungsveränderungen anpaßbar. Durch eine weitgehende Zentralisierung von Diagnose- und Ansteuerungssystemen unter Einbeziehung der elektro-pneumatischen Wandlungsträger (Ventile) sowie der Verwendung von magazinierten Bauteilen kann die Montagezelle so als autonomes, selbstrüstendes, extern und intern flexibles Montagesystem bezeichnet werden.

Bild 3.23: Roboter rüstet seine Peripherie selbst

3.6 Flexibilität in Montagekomponenten am Beispiel von Magazinen

Einfache oder zusammengesetzte Funktionsträger sind Komponenten, welche in Montagesystemen die erforderlichen Montageprozesse direkt oder indirekt ausführen. Eine Veränderung der Montageaufgabe und damit beispielsweise der Bauteile, Verbindungsprozesse oder auch der Prozeßzeiten (Taktzeiten, Durchlaufzeiten) kann einen unmittelbaren Einfluß haben auf diese Einheiten, deren Wirkflächen, Struktur, Prozeßträger sowie den Systemfluß von Energie, Signalen und Material. Die Flexibilitätsprinzipien sollen nun beispielhaft auf die Montagewerkzeuge oder Funktionsträger angewendet werden, die nach der Analyse von Kapitel 2.3.3 in Montagesystemen hauptsächlich zum Einsatz kommen.

Montagekomponenten zum geordneten Speichern (Magazine) werden in den untersuchten Montagesystemen im Vergleich zu anderen Komponenten am häufigsten verwendet. Magazine können hierbei sowohl zur Werkstück- als auch zur Werkzeugaufnahme dienen und lassen sich gemäß ihrer Struktur prinzipiell in zwei Hauptgruppen aufschlüsseln /13,92/:

- Aktive oder dynamische Magazine mit Objektbewegung (Ketten, Schächte,Trommeln etc.),
- passive Magazine ohne Objektbewegung (Paletten, Regale, etc.).

Für die nun folgende Flexibilitätsbetrachtung wurde das, z.B. in /64,82,85,89,92,93,94/ aufgeführte, sehr breite Lösungsspektrum für Magazine eingeschränkt. Ausgewählt wurden Magazine, die für ein bestimmtes Objektspektrum die größte Speicherdichte anbieten:

- *Flachpaletten* als bevorzugte Magazinform für stangenförmige, zylindrische und kubische Bauteile, deren Länge größer ist als der (umschreibende) Durchmesser der Grundfläche. Flachpaletten sind beispielsweise geeignet, um die Gehäuseteile des Bohrgetriebes, Spindeln, Stifte geordnet zu speichern, oder Komponenten und Montagewerkzeuge zu lagern, welche besonders schonend behandelt werden müssen.

- *Schachtmagazine* als bevorzugte Magazinform für scheibenförmige, zylindrische und kubische Bauteile, deren Länge kleiner als der (umschreibende) Durchmesser der Grundfläche ist. Beispielsweise die scheibenförmigen Mitnehmer des Reglers, Sicherungsringe, Dichtungen und O-Ringe können mit diesen Magazinen unter minimalem Flächenbedarf gespeichert werden.

- *Schlauchmagazine* als bevorzugte Magazinform für zylindrische Bauteile, deren Durchmesser und Länge annähernd gleich ist. Bauteile mit einem D/L-Verhältnis in der Gegend von 1 können in Schachtmagazinen und Flachpaletten in vielen Fällen nicht platzoptimal gespeichert werden. Dies trifft auf Bauteile wie die Federn des Energiereglers zu.

Flexibilität kann bei den genannten Magazinen ein Anpassen von Prozessen in drei Bereichen bedeuten. Dies betrifft zunächst den Befüllbereich von Bild 3.24 mit den entsprechenden Bewegungsprozessen.

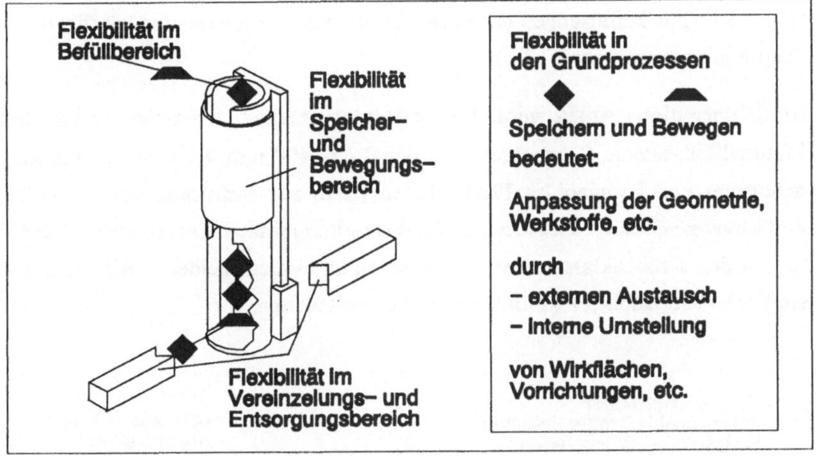

Bild 3.24: Anpassungsorte in aktiven Magazinen

Eine zweite Anpassung ist an den Wirkflächen für den eigentlichen Speicherprozeß notwendig. Bei Magazinen mit Werkstückbewegung wie z.B. in Schachtmagazinen kommt in diesem Bereich noch hinzu, daß die speichernden Wirkflächen gleichzeitig auch die Führungsflächen für den Bewegungsprozeß im Magazin darstellen. In einem dritten Bereich muß das Magazin durch einen Vorgang entsorgt werden, der nicht unbedingt identisch mit dem Befüllprozeß sein muß. Dieser Vorgang kann bei dynamischen Speichern auch eine Vereinzelung der gespeicherten Objekte beinhalten.

Flexibilität in Magazinen bedeutet im wesentlichen die Anpassung der Montageprozesse 'Bewegen' und 'Speichern' bzw. deren Parameter an geänderte Bauteilgeometrien, Werkstoffe und oft auch an eine Mengen- und Massenänderung der zu speichernden Bauteile. Sie reicht im Bereich von Flachpaletten von rein externer Flexibilität, d.h. dem Austausch des kompletten Magazins oder von Magazinteilen, bis zu internen Lösungen mit einstellbaren Rastergittern oder in Grenzen universellen Adhäsionspaletten, welche Bauteile ohne Formelemente mit haftenden Oberflächen sichern.

Derartige Komponenten wurden in der Literatur bereits sehr umfassend behandelt /17,91-94/. Für Teillösungen liegen flexible Baukastensysteme und käufliche, industrielle Lösungen vor /113-117/.

Im Rahmen dieser Arbeit wurde für die Montageanlage 'Kleingeräte' und dessen Materialflußsysteme (Doppelgurtband der Breite 400 mm, FTS) ein weitgehend genormtes und kompatibles Flachpalettensystem zur Aufnahme von Bauteilen und Montagemodulen entwickelt und industriell umgesetzt. Dieses System arbeitet mit drei Größenklassen von Flachpaletten und unterscheidet in Bild 3.25 gestuft unterschiedliche Flexibilitätsgrade auf den Paletten.

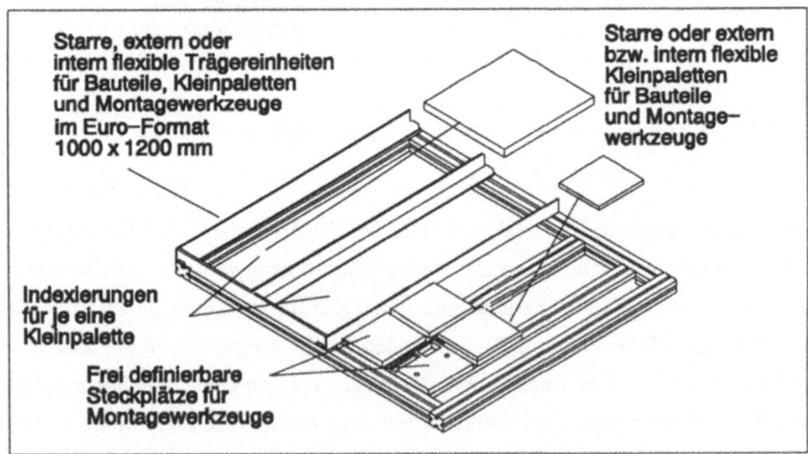

Bild 3.25: Flexibilität in Flachpaletten des Baukastens

Die in Bild 3.25 gezeigten Flachpaletten können nun mit unterschiedlich flexiblen Werkstückaufnahmen, Montagemodulen oder wiederum mit Paletten bestückt werden. Hierzu sind sie mit den bereits in Kapitel 3.5.3 beschriebenen Schnittstellen ausgerüstet.

Schacht- und Schlauchmagazine dienen im System 'Kleingeräte' ausschließlich zum Speichern von Bauteilen. Externe Flexibilität kann bei Schacht- und Schlauchmagazinen einen kompletten oder teilweisen Tausch von Speicherbereich und Vereinzelung bedeuten. Bild 3.26 zeigt ein realisiertes Magazinsystem für Kunststoffbauteile des Energiereglers. Das Prinzip basiert auf einem schnell wechselbaren Magazingrundkörper aus Kunststoff oder Aluminiumstrangpreßprofil, dessen Außenkontur standardisiert ist. Die innere Schachtkontur kann bei der Produktion der Profile durch unterschiedliche Preßwerkzeuge an geänderte Bauteilgeometrien angepaßt werden. An diesen wechselbaren Magazineinheiten ist, wie in allen extern flexiblen Montagemodulen des Systems 'Kleingerätemontage', eine Standardschnittstelle angebracht, welche dem Industrieroboter die Möglichkeit gibt, diese Magazine automatisch auszutauschen. Die entsprechende Vereinzelung bleibt bei diesem Austausch stationär im System.

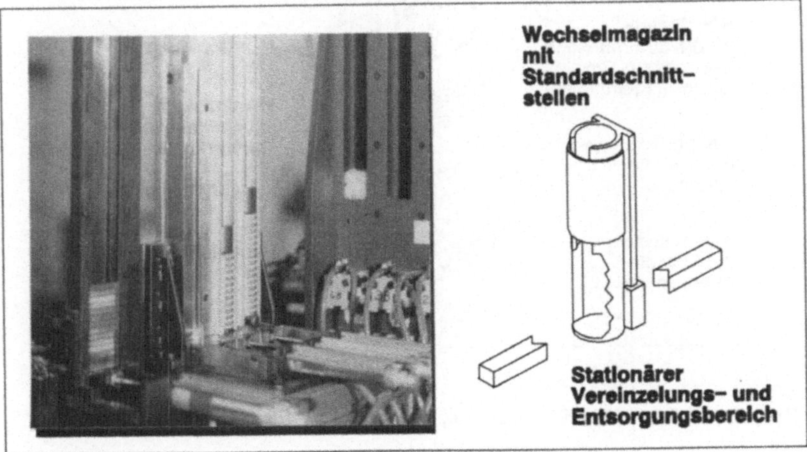

Bild 3.26: Flexibel wechselbares Schachtmagazin

Im Falle von Schlauchmagazinen wurde, wie Bild 3.27 zeigt, ein extern flexibles, standardisiertes Grundsystem entwickelt, das aus einem Schlauchhalter mit integrierter Vereinzelung und Energiezuführung besteht und in der Lage ist, unterschiedliche Schlauchdurchmesser liegend auf einen Zylinder aufzutrommeln. Anders als bei Schachtmagazinen ist bei Schlauchmagazinen Energie nötig, um die Bauteile gegen die Reibungskräfte durch den Schlauch zu bewegen. Als Transportmedium bot sich Druckluft (6 bar) an, die im Befüllbereich des Grundsystems automatisch an den Schlauch angedockt wird. Die Vereinzelung ist durch einfache Formeinsätze extern auf veränderliche Durchmesser der Bauteile einstellbar. Für den, in Bild 3.27 gezeigten Magazintyp wurde aus Platzgründen ein Trommelradius von 150 mm gewählt. Ebenso wie die zuvor beschriebenen Schachtmagazine ist auch dieses System mit einer Schnittstelle ausgerüstet und so automatisch austauschbar. Eine interne Verstellung der Wirkflächen kommt bei Schlauchmagazinen, zumindest im Bereich des Schlauchs, nicht in Betracht.

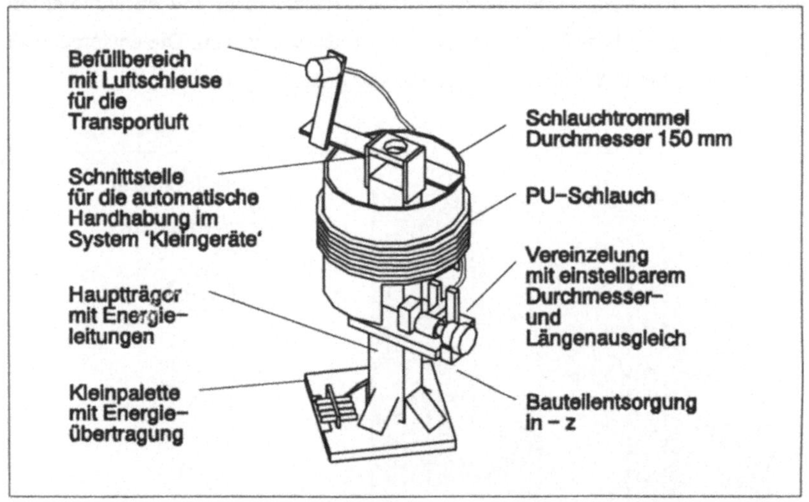

Bild 3.27: Flexibles Schlauchmagazin

Interne Flexibilitätslösungen für Schachtmagazine benötigen entsprechende Verstellmöglichkeiten und Stellglieder an den einzustellenden Wirkflächen. Als automatische Lösungen können hier beispielsweise Schritt- oder Servomotoren zur aktiven Anpassung der Wirkflächen genannt werden. In der Montagezelle Kleingeräte wurden zur weiteren Untersuchung der internen Flexibilität in Schachtmagazinen Komponenten entwickelt, die direkt mit dem Roboter einstellbar sind. Das in Bild 3.28 dargestellte Magazin für Platinen und Taster des Reihenschalters ist eine linear verstellbare Alternative. Das System ist mit verschieblichen Magazinwänden versehen, die im Normalbetrieb über einen Federmechanismus gebremst werden. Die bereits im vorhergehenden Kapitel beschriebene Standardschnittstelle erlaubt das Andocken des Industrieroboters und der Energie zum Lösen der Bremse. Die Vereinzelung wird mit den Magazinwänden an die geänderte Bauteilgeometrie angepaßt. Muß zusätzlich zu einer geometrischen Anpassung noch eine Werkstoffanpassung erfolgen oder ist die Geometrie des Bauteils aus Gründen besonders genauer Führung mit der Lösung von Bild 3.28 nicht zu realisieren, so kann zusätzlich extern mit Formleisten eine Anpassung erfolgen.

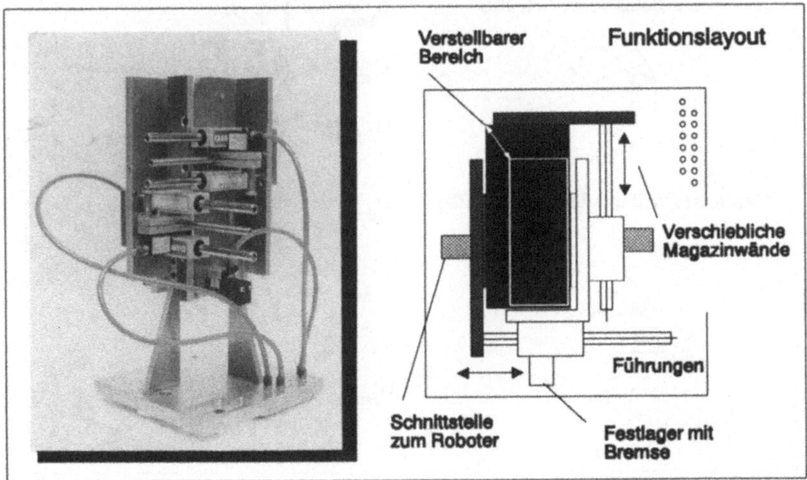

Bild 3.28: Intern flexibles Schachtmagazin

Ein gesonderter Ansatz der Flexibilitätsbetrachtung von Schacht- und Schlauchmagazinen wurde für interne Flexibilität im Rahmen einer Toleranzbetrachtung detaillierter untersucht. Der Ansatz geht davon aus, daß in Schacht- und Schlauchmagazinen die Bauteile durch eine Vereinzelung am Magazinaustritt in eine definierte Lage bewegt werden, so daß es unter Umständen innerhalb des Magazins gar nicht notwendig sein muß, die Wirkflächen exakt an die Bauteilgeometrie anzupassen. Es kann so unter gewissen Bedingungen erlaubt sein, Spiel zwischen der Magazinwand und den Bauteilen zuzulassen.

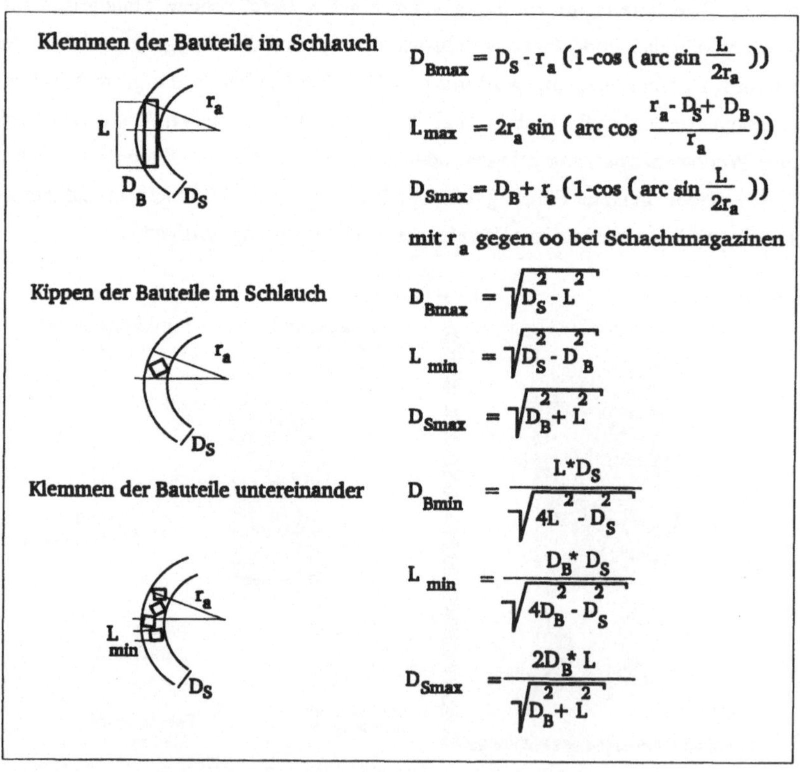

Bild 3.29: Formelmäßige Erfassung der Problemfelder

Die Grenzen für ein solches Spiel sind in Bild 3.29 parametrisiert als:

- Das Klemmen der Bauteile im Magazin z.B. wenn zu lange Bauteile in einem gekrümmten Schlauch steckenbleiben,

- das Kippen der Bauteile im Magazin wie es bei dünnen Scheiben als Problemfall auftritt,

- das Klemmen der Bauteile untereinander, wenn der Durchmesser der Bauteile den halben Magazindurchmesser unterschreitet.

Klemmen und Kippen der Bauteile im Magazin muß bei inexakter Führung und damit Spiel im Magazin verhindert werden. Der Übergang von Kippen zu Klemmen ermittelt sich durch das Gleichsetzen der Formeln für L_{min} aus Bild 3.29 bei $D_B/D_S = 1 / 2^{0.5}$. Diese Kippbedingungen konnten zu diesem Zweck in Formeln und Kennfelder (Bild 3.30) gefaßt werden.

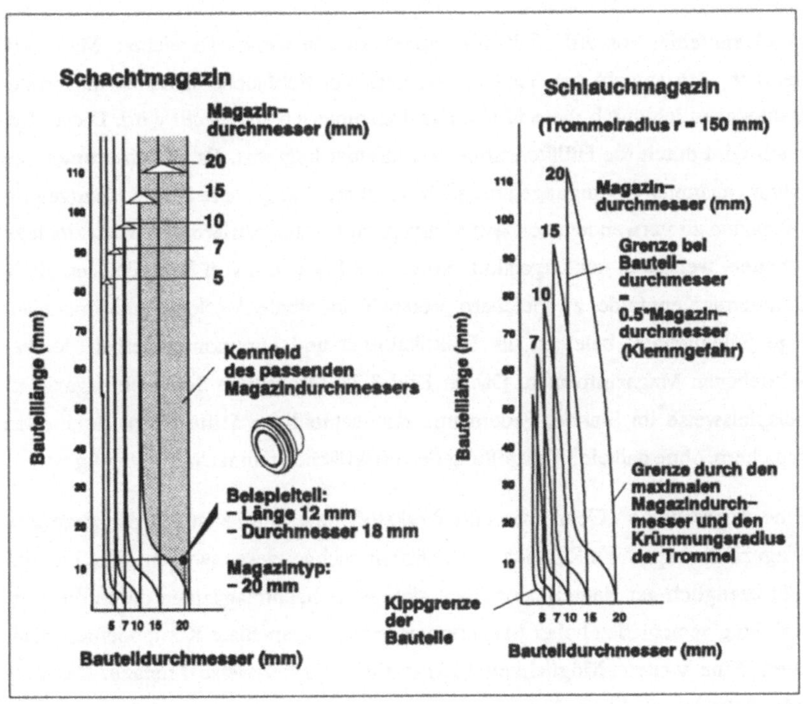

Bild 3.30: Kennfelder für Schacht- und Schlauchmagazine

In den Kennfeldern von Bild 3.30 sind fünf Schacht- und Schlauchmagazine der Magazindurchmesser D_S von 5 bis 20 mm abgebildet. Für diese Magazingeometrien wurden die Formeln der Problemfelder in Abhängigkeit von der Bauteillänge und dem Bauteildurchmesser aufgetragen. Der Anwender kann für einen vorgegebenen Bauteildurchmesser und eine Bauteillänge prüfen, ob ein Schlauchmagazin überhaupt verwendbar ist. Die Anwendungsgrenze ist durch eine, vom Krümmungsradius, dem Magazindurchmesser und dem Bauteildurchmesser abhängige Bauteillänge gegeben. Im Beispiel von Bild 3.30 wurde für den Steuerkolben des Ventils ein entsprechendes Schachtmagazin gesucht. Hierzu trägt man die Bauteillänge und den Kolbendurchmesser in das Kennfeld ein. Der Schnittpunkt weist auf das schraffierte Kennfeld des Schachtmagazins mit Durchmesser 20 mm. Im gleichen Magazin könnte man auch Bauteile mit $D = 15$ mm ab einer Länge von 15 mm betriebssicher speichern.

Die Kennfelder von Bild 3.30 überlappen sich in weiten Bereichen. Man sieht deutlich, daß sowohl bei Schacht- als auch bei Schlauchmagazinen ein breiter Bauteilebereich durch diese fünf Magazingeometrien abgedeckt wird. Dieser Bereich wird durch die Hüllkontur der Kennfelder begrenzt. Es ist somit unter den zuvor genannten Bedingungen möglich, nicht mehr angepaßte Sonderlösungen für Magazine zu verwenden, sondern vielmehr mit standardisierbaren Magazinen zu arbeiten, welche in der Lage sind, ein ganzes Spektrum von Bauteilen innerhalb definierter Kennfelder zu speichern. Versuche innerhalb der flexiblen Montageanlage 'Kleingeräte' belegten die Praktikabilität und Funktionssicherheit der beschriebenen Magazinformen. Das in Bild 3.28 dargestellte Schlauchmagazin ist beispielsweise im Stande, Federn und unterschiedliche Stifte intern flexibel zu speichern, ohne daß eine Umstellung der Wirkflächengeometrie notwendig ist.

Eine Anpassung an Geometrie und Werkstoff bzw. Masse ist mit den gezeigten Magazinkonzepten im Rahmen dieser Arbeit nachgewiesen worden. Eine Flexibilität bezüglich der Bauteilmenge läßt sich bei Schachtmagazinen durch die Verwendung verschieden hoher Magazine oder durch stapelbare Komponenten erreichen. Eine weitere Möglichkeit hierfür sind beispielsweise Magazin-Revolver oder Batterien zur Multiplikation der Kapazität /92/.

Abschließend kann bei der Anwendung von Flexibilität in Magazinen folgendes bemerkt werden:

- *Interne Flexibilität* erlaubt geometrische Anpassungen im Bereich einzelner oder aller Führungs- und Speicherwirkflächen, ermöglicht in gewissen Grenzen Universalität und damit ein Vermeiden der Anpassung, kann aber nicht eingesetzt werden als Reaktion auf sich störende Werkstoffpaarungen oder für Kapazitätserweiterungen,
- *externe Flexibilität* kann für alle Anpassungen im Bereich Komplettmagazin-, Wirkflächen-, Prozeßträgertausch eingesetzt werden, bedingt allerdings Wechselzeiten und wird oft kombiniert mit einer intern flexiblen Universalität oder aber einer umstellbaren Vereinzelung.

3.7 Flexibilität in Grundprozessen

Einzelne oder zusammengesetzte Montageprozesse und Montagefunktionen sind sowohl in Montagekomponenten wie z.B. in Zylindern, Magazinen oder Handhabungssystemen, als auch in Montagezellen und Montageeanlagen zu finden. Aus diesen Grundbausteinen können beliebige Montagesysteme, vom Montagewerkzeug 'Greifer' angefangen, bis hin zur verketteten Montageanlage für pneumatische Ventile aufgebaut werden. Die fünf elementaren Montageprozesse erlauben das Beschreiben von Montagesystemen mit allen informations- und materialflußtechnischen Vorgängen in allen hierarchischen Ebenen. Ändern sich diese Zusammenhänge, die Montageanforderungen, Bauteile oder Randbedingungen, so sind, wie Bild 3.31 zeigt, in jedem Fall Montageprozesse davon betroffen. Im Rahmen dieser Arbeit sollen für die drei hauptsächlich vorkommenden Montagegrundprozesse 'Speichern', 'Bewegen' und 'Verbinden' die Einfluß- und Reaktionsmöglichkeiten auf Parameteränderungen hergeleitet und analysiert werden.

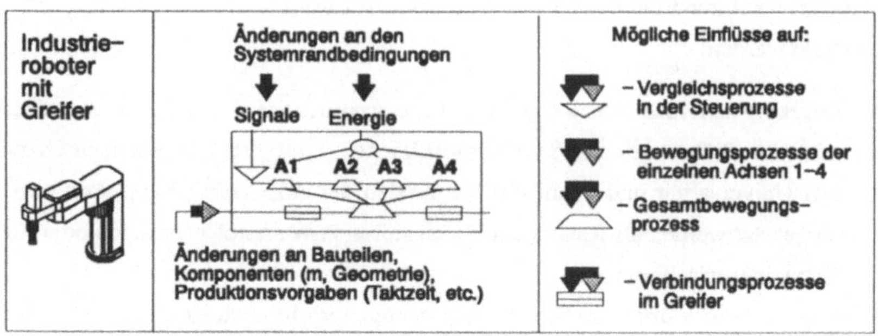

Bild 3.31: Einflüsse auf die Prozesse eines Roboters

Flexibilität in grundlegenden Montageprozessen bezieht sich auf die Möglichkeit, die Prozeßparameter auf Änderungen seitens der Bauteile oder aber der Systemrandbedingungen anzupassen. Die einflußnehmenden Parameter auf die drei Grundprozesse 'Speichern', 'Bewegen' und 'Verbinden' wurden in Kapitel 2.6 bereits hergeleitet, technische Lösungen für die Anpassung der ausführenden Komponenten konnten in Kapitel 3 entwickelt werden. Zusammenfassend kann für die einzelnen Montageprozesse in Falle von Stoffumsatz folgende, in Bild

Prozess	Änderungen	Anpassungsmassnahme
Bewegen	Geometrie Toleranzen Werkstoff Oberfläche Zahl	– nicht erforderlich bei indirekter Bewegung z.B. über Magazin, Greifer etc. – bei direkter Bewegung siehe Speicherprozess
	Position Orientierung Bahn Zeit Geschwindigkeit Beschleunigung Masse	– Externe Anpassung, Tausch oder Addition von Bewegungskomponenten – Externe oder interne Veränderung der Energiezufuhr – Interne Anpassung der Parameter durch Umprogrammierung

Bild 3.32: Flexibilitätsmöglichkeiten beim Bewegen

3.32-3.34 dargestellte Gesetzmäßigkeit für Anpassungsmöglichkeiten hergeleitet werden:

Prozess	Änderungen	Anpassungsmassnahme
Speichern ◆	Geometrie Toleranzen Position Orientierung Oberfläche	– Externer Wirkflächentausch – Externer Komplettaustausch – Interne Anpassung der Wirkflächen
	Masse Werkstoff Zahl	– Externer Austausch von Teilsegmenten oder des gesamten Prozess-trägers

Bild 3.33: Flexibilitätsmöglichkeiten beim Speichern

Prozess	Änderungen	Anpassungsmassnahme
Verbinden	Geometrie Toleranzen Werkstoff Oberfläche Kraft Zahl	– Externe, interne Veränderung der Energiezufuhr – Externer Tausch der Wirkflächen und Bewegungskomponenten – Interne Anpassung der Wirk-flächen und Bewegungs-komponenten
	Position Orientierung Bahn Zeit Geschwindigkeit Beschleunigung Masse Hilfsstoffe	– Externe Anpassung, Tausch oder Addition von Bewegungs-komponenten – Externe, interne Veränderung der Energiezufuhr – Interne Anpassung der Parameter durch Umpro-grammierung

Bild 3.34: Flexibilitätsmöglichkeiten beim Verbinden

Die im Rahmen dieses Kapitels 3 untersuchten Lösungsmöglichkeiten für flexible Montagesysteme lassen sich im Prinzip auf Anpassungen in den grundlegenden

Prozessen 'Speichern', 'Bewegen', 'Verbinden', 'Vergleichen' und 'Verändern' zurückführen. Eine Kombination und Variation der gezeigten Anpassungsprinzipien in allen Ebenen der Montage kann letztendlich zu flexiblen Montagekomponenten, Montagezellen und Montageanlagen führen.

Die hier vorliegenden Beispiele sollen Lösungsmöglichkeiten für flexible Montagestrukturen aufzeigen. Aufgrund der Lösungsvielfalt ist es für den Anlagenplaner jedoch oftmals schwer, die richtige Anpassungsmaßnahme am richtigen Ort einzusetzen. Um hier Hilfsmittel anzubieten, werden im folgenden Kapitel 4 der Nutzen von externen und internen Anpassungsmaßnahmen näher untersucht und entsprechende Planungshilfen hergeleitet.

4 Planung und Quantifizierung von Flexibilität

4.1 Problemstellung und Zielsetzung

Bei der Integration von flexiblen Montagestrukturen in das industrielle Umfeld sind, wie schon zuvor erwähnt, noch erhebliche Schwierigkeiten und Hemmnisse zu überwinden. Die Gründe hierfür können durchaus unterschiedlich sein:

- Es besteht ein hoher Einfluß der Produktgestalt auf die Automatisierungs-möglichkeiten, der Informationsaustausch zwischen Montageplanung und Konstruktion ist aber aufgrund bestehender Arbeitsteilungen häufig unzureichend.
- Bei der Planung von Montageanlagen sind oft automatisierte Montageprozesse zu entwickeln, für die bislang weder Grundlagenkenntnisse noch Einsatzerfahrungen vorliegen.
- Die geforderte Planungsgenauigkeit ist bei automatisierten und flexiblen Montagesystemen im Vergleich zur manuellen Montage wesentlich höher, die Planungsaufgabe wesentlich komplexer, die Planungseffizienz oft noch unzureichend /34/.
- Die Flexibilität in Montagesystemen bedeutet eine gewisse Redundanz oder auch Überkapazität an Maschinen, Vorrichtungen und damit Aufwendungen, deren Nutzen oder Wirtschaftlichkeit in der Planungsphase bisher noch schwer nachzuweisen und damit einzuplanen ist.

Auf Seiten der Konstruktion und Planung existieren bereits Ansätze für rechner-unterstützte, grafikorientierte Regelwerke, Hilfsmittel oder Simulationssysteme /2,95-101,103,104,107,110-112/. Systeme wie beispielsweise PLATO-SIM (Ablaufsimulation) /111/, COSIRO (Bewegungssimulation) /112/ oder COSIMAN (MTM-Simulation) /110/ in Bild 4.1 sind in der Lage, die Planung effektiver zu

gestalten und damit die Vorbereitungszeit bzw. die Kosten für Rationalisierungsmaßnahmen zu senken.

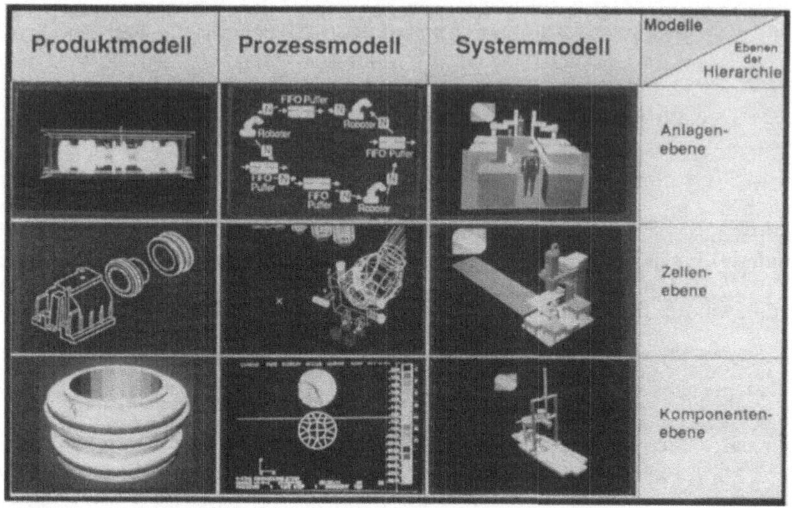

Bild 4.1: Simulation in den einzelnen Montageebenen

Das Haupthemmnis für den Einsatz flexibler Montagesysteme, und damit für die Ausschöpfung der Kostensenkungspotentiale in der Montage, ist oftmals im schwierigen Nachweis der Wirtschaftlichkeit und des Nutzens zu suchen /34/. Ein Grund dafür ist sicher, daß die Einflußgrößen der Planung und Berechnung flexibler Montageanlagen komplex sind. Außerdem wird die Entscheidung für oder wider eine Montagealternative meist mit großer Datenunsicherheit gefällt, da zum Zeitpunkt der Investitionsentscheidung nicht alle Anlagendaten definiert sind. Hinzu kommt, daß Vorhersagen über Änderungen am Produkt, an Varianten, Leistungsdaten oder Montageprozessen kaum in diesem Stadium zu treffen sind, und damit die gezielte Einplanung von Anpassungsmaßnahmen nur sehr schwer möglich ist.

Ein weiterer Gesichtspunkt ist die Tatsache, daß die Einsparungsmöglichkeiten durch Rationalisierungsaktivitäten bisher sehr oft nur durch die Ausschöpfung des Lohnkostenpotentials in Montage und Prüfwesen genützt wurden. Bild 4.2 dokumentiert dies beispielhaft an drei realisierten Automatisierungvorhaben in mittelständischen Unternehmen.

Firma	A	B	C
Produkt	Regler	Pneumatik Ventil	Reihenschalter
Kosten-faktoren	Einsparung durch Automatisierung in %	Einsparung durch Automatisierung in %	Einsparung durch Automatisierung in %
Einzelteile	keine	keine	keine
Fertigung	keine	keine	keine
Montagelohn	16.00	71.00	26.00
Liegezeit	30.00	0.20	0.50
Prüflohn	100.00	keine	keine

Bild 4.2: Ausgewählte Ergebnisse von Automatisierung

Andere, mögliche Nutzen von Automatisierung in der Montage wie beispielsweise Durchlaufzeitverkürzungen, Wiederverwendbarkeit von Komponenten und Anlagen, Qualitätsverbesserungen, kürzere Reaktionszeiten auf Kundenwünsche, Standardisierung sind, nach /29/, zwar technisch anerkannt, aber kaum betriebswissenschaftlich als Kostensenkungspotential in Berechnungen und Entscheidungen miteinbezogen.

Die alleinige Betrachtung der Faktoren wie Investitions-, Energie-, Betriebs-, Hilfsstoff-, Lohn- und Gemeinkosten etc. ist aber langfristig für eine optimale Investitionsentscheidung nicht ausreichend /29/. Es fehlen geeignete Quantifizierungsmethoden und Hilfsmittel (Bild 4.3), die alle oder möglichst viele Kostenfaktoren bei einer Entscheidung über Montagestrukturen berücksichtigen und eine exakte Aussage über die Wirtschaftlichkeit von Automatisierungsmaßnahmen möglich machen.

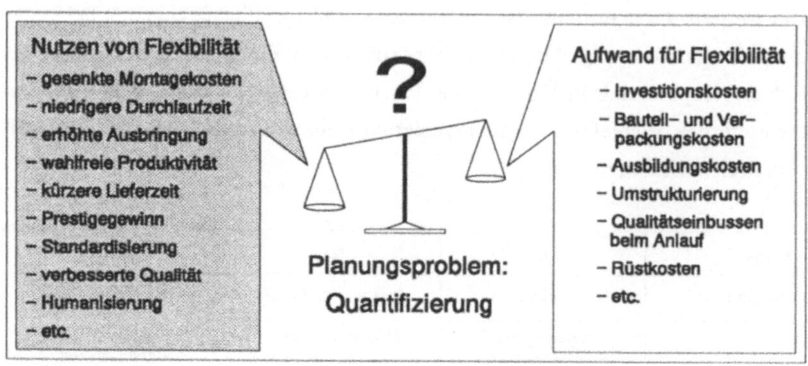

Bild 4.3: Planer müssen Nutzen u. Aufwand abwägen

Neben der Quantifizierung des Nutzens von Automatisierung und Flexibilität in Montagesystemen sind noch weitere Fragestellungen bei der Planung von flexibler Automatisierung zu lösen. So ist es von entscheidender Bedeutung, die richtige Automatisierungsalternative auch dort einzusetzen, wo sie den größten Nutzen in einer Montagestruktur bringt.

Betrachtet man die Komponenten von Bild 4.4, so fällt auf, daß flexible Montagekomponenten bei gleicher Aufgabenstellung erheblich kostenintensiver sind als vergleichbare starre Einrichtungen. Dies läßt sich darauf zurückführen, daß flexi-

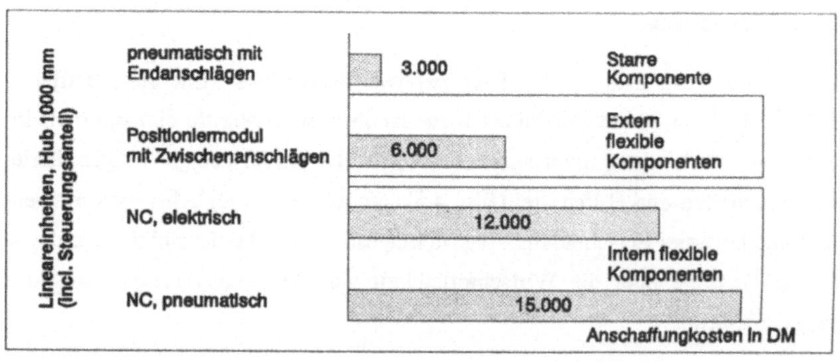

Bild 4.4: Kosten unterschiedl. Flexibilität /58,117/

ble Komponenten nicht nur auf eine Aufgabe, sondern auf einen Aufgabenbereich ausgelegt sind. Intern flexible Systeme stellen, wie Bild 4.4 beispielhaft belegt, in den meisten Fällen im Vergleich zu externen Maßnahmen zusätzlich die kostenintensivere Alternative dar. Bild 4.4 zeigt hierzu einen Vergleich von starren und flexiblen Bewegungskomponenten für eine Positionieraufgabe.

Um hier zu entscheiden, ob, wo und welche Investition in Flexibilität sich lohnt, und ob Rüstzeiten bei externer Flexibilität in Kauf genommen werden können, muß eine Analyse der Zusammenhänge zwischen den einzelnen Systemen und Systemebenen stattfinden. Die Planung sollte auch hierbei mit entsprechenden Hilfsmitteln unterstützt werden.

Zusammengefaßt muß ein Planungshilfsmittel zur Lokalisierung, Planung und Quantifizierung von flexibler Automatisierung die Beantwortung der folgenden Fragen ermöglichen, bzw. die in Bild 4.5 dargestellte Unterstützung bieten:

- *Wo* könnten Strukturänderungen oder Automatisierung bzw. Flexibilität in einer Montagestruktur zum *Einsatz* kommen und Kosten senken ?
- *Welches* manuelle, starre, extern oder intern flexible, automatisierte *System* ist für den ermittelten Ort am besten geeignet ?
- *Welchen Nutzen* bringt der Einsatz derartiger Systeme im Verbund einer Montagestruktur ?

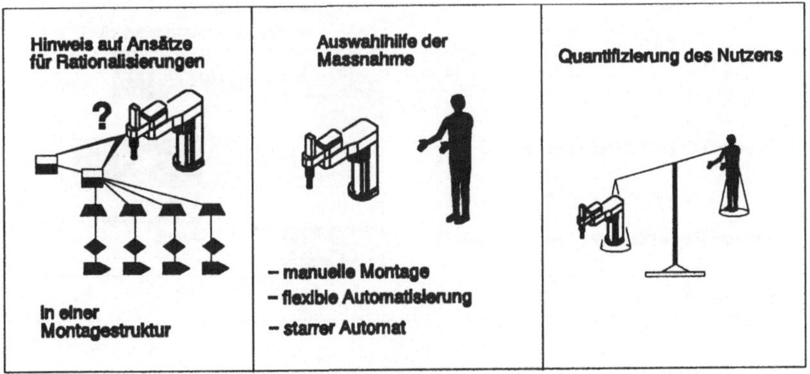

Bild 4.5: Wirtschaftlichkeits-Planungshilfsmittel

Um das Verständnis der nachfolgend beschriebenen Planungssystematik zu erleichtern, sollen einige der, für die Planung und Berechnung von Rationalisierungsmaßnahmen und Flexibilität wichtigsten, betriebswissenschaftlichen Begriffe kurz erläutert und die Vorgehensweise dargelegt werden.

4.2   Definitionen und Vorgehensweise

4.2.1   Definition von Begriffen

4.2.1.1   Wiederverwendbarkeit

Der Begriff 'Wiederverwendbarkeit' /38,39,102/ oder auch 'Nachfolgeflexibilität' /21/ eines Montagesystems oder einer Montagekomponente bezeichnet die Möglichkeit, dieses System oder Teile des Systems für die Produktion verschiedener, aufeinander folgender Produkte in einem oder unterschiedlichen Systemen einzusetzen.

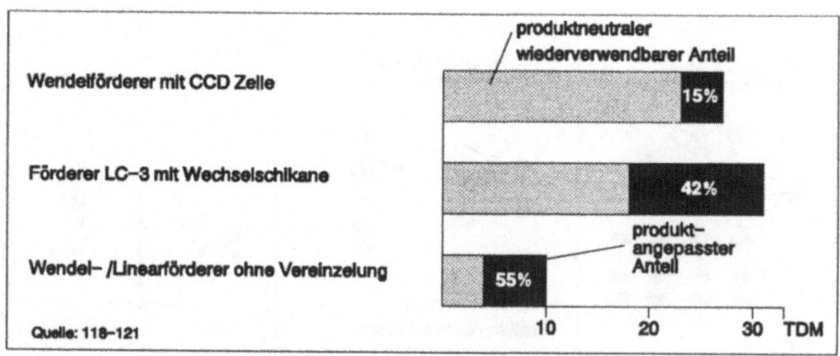

Bild 4.6: Wiederverwendbare Montagekomponenten

Als Beispiel für wiederverwendbare Komponenten können, wie Bild 4.6 zeigt, alle den Produkten nicht angepaßte Teile von Funktionsträgern oder produktneutrale Komponenten selbst, wie Roboter, Grundsysteme oder flexible Überwachungssysteme gelten (Quellen: /118-121/).

4.2.1.2 Kostensenkungspotential

Das Kostensenkungspotential ist der Betrag, welcher maximal in einem Montageprozeß, einer Montagekomponente oder aber in Montagezellen bzw. Anlagen an den Herstellkosten eingespart werden kann. Kostensenkungspotentiale setzen sich nicht nur aus den eventuell sinkenden oder wegfallenden Vorgangskosten zusammen, sondern berücksichtigen möglichst alle, durch diese Kosten in einem Montagesystem ausgelösten Aufwendungen. Diese Aufwendungen können zum Beispiel ausgelöste Kapitalbindungskosten oder die, sich am Bauteilwert orientierenden, Aufwendungen für Ausschuß sein. Die vorliegende Arbeit betrachtet Kostensenkungspotentiale aufgrund der speziellen Flexibilitätsüberlegungen unter den folgenden drei differenzierten Gesichtspunkten:

- *A*: Welche Kostensenkung ergibt sich durch ein Ersetzen oder Entfernen des Montageprozesses aus dem Montagesystem ? *(Grenzwert: Prozeßkosten und Prozeßzeiten gegen Null)*

- *B*: Welche Kostensenkung ergibt sich durch eine Senkung der Prozeßzeit eines Vorgangs ? *(Grenzwert: Prozeßzeit gegen Null, Prozeßkosten konstant)*

- *C*: Welche Kostensenkung ergibt sich durch ein Wegfallen eines eventuellen Rüstvorgangs bei Verwendung interner anstelle externer Flexibilität *(Grenzwert: Störzeit und Rüstzeit gegen Null)*

4.2.1.3 Investitionspotential

Das Investitionspotential ist der Betrag, welcher unter maximaler Ausschöpfung der Kostensenkungspotentiale für eine Automatisierungsmaßnahme investiert werden könnte, ohne daß die zu erwartenden Kosten des veränderten Montagesystems die real existierenden Kosten des Istzustandes übersteigen. Das Investitionspotential zeigt die etwaige Investitionsgrenze in einer Montagestruktur auf. Die Berechnung des Investitionspotentials ist unter den Berechnungsmethoden von Kapitel 4.3.2.3 näher beschrieben.

4.2.1.4 Kostenegalisationszeitpunkt

Investitionen werden bei Investitionsrechnungen häufig nach ihrer Amortisationszeit beurteilt /81/. Die Amortisationszeit berechnet sich aus dem Kapitaleinsatz und dem durchschnittlichen Kapitalrückfluß in der Produktionsperiode. Da dieser Kapitalrückfluß oder Ertrag bei der Planung von Montagesystemen oft unbekannt ist, betrachtet diese Arbeit als fiktiven Ertrag die Differenz der kumulierten Kosten zweier Montagealternativen. Diese bestehen unter anderem aus Investitions-, Lohn- und Betriebskosten. Die Kostenegalisationszeit ist die Zeit, welche verstreicht, bis der durch die unterschiedlichen Anschaffungskosten der Alternativen bedingte Kapitaleinsatz durch die Differenz der laufenden Kosten aufgewogen wird. Zum Zeitpunkt einer Egalisierung ist diese Differenz genauso hoch, wie die Differenz der Investitionskosten, bestehend aus Zins und Tilgung.

4.2.2 Vorgehensweise

Zur Entwicklung eines Planungshilfsmittels für Rationalisierungsmaßnahmen in Montagestrukturen geht die vorliegende Arbeit in folgenden Schritten vor:

Ausgehend von der in Kapitel 2 hergeleiteten Abbildungssystematik von Montagesystemen mit einzelnen Montageprozessen und deren Symbolen wird zunächst ein automatisiertes Abbildungsverfahren für Montagestrukturen und deren Parameter (Kosten, Zeiten) entwickelt. Dieses Abbildungsverfahren kann zur Analyse, Synthese und Optimierung der Zusammenhänge zwischen Flexibilität, Kosten und Zeitverhalten von Montagestrukturen herangezogen werden. Zusätzlich entwickelt diese Arbeit auf Basis einer dynamischen Kostenrechnung Verfahren, die den Planer bei der Nutzen-Aufwands-Quantifizierung von Montagesystemen unterstützen. Im Verlaufe des ersten Entwicklungsschrittes können diese Verfahren in zwei PC-Rechenprogrammen umgesetzt werden, die zum einen die Abbildung, Analyse und Optimierung der Montagestruktur ermöglichen und zum anderen Kosten und Nutzenaspekte von Flexibilität und Automatisierung quantifizierbar machen.

Das Programm *MIA* (Montage-Ist-Analyse) dient zur Abbildung, Analyse und Optimierung von Montagestrukturen,

das Programm*WIM* (Wirtschaftlichkeitsrechnung in Montageplanungen) unterstützt die Investitionsrechnung unter Berücksichtigung des Nutzens von Flexibilitätsaspekten.

Die Erprobung der beiden Rechenprogramme im Rahmen eines industriellen Arbeitskreises, sowie eine simulative Berechnung der Auswirkungen von flexiblen Maßnahmen an unterschiedlichen industriellen Montagezellen für die Produkte pneumatisches Ventil und Bohrgetriebe schafft die Möglichkeit, Gesetzmäßigkeiten oder Indikatoren abzuleiten, die Rückschlüsse auf eine Rationalisierungs,- bzw. Flexibilitätseignung von Montagestrukturen zulassen. Diese Gesichtspunkte wurden in die Rechenprogramme MIA und WIM eingebunden. Man erhält auf diese Weise Planungswerkzeuge, mit deren Hilfe einmal Indikatorwerte errechnet werden können, es aber auch möglich ist, Alternativen der Produktionsstruktur und der Produktionsmittel zum Zwecke der Optimierung zu simulieren.

Für die Deutung der relativen Werte der Indikatoren wurden im Rahmen dieser Arbeit schließlich Regeln hergeleitet, beziehungsweise Methoden entworfen.

4.3   Planungshilfsmittel MIA und WIM

Die Planungshilfsmittel MIA (Montage-Ist-Analyse) und WIM (Wirtschaftlichkeitsrechnung in Montageplanungen) dienen zur Abbildung und Analyse von
Montagestrukturen sowie zur Berechnung des Nutzens von flexibler Automatisierung. Es handelt sich dabei um datenbankunterstützte, miteinander verknüpfte
EDV-Programme.

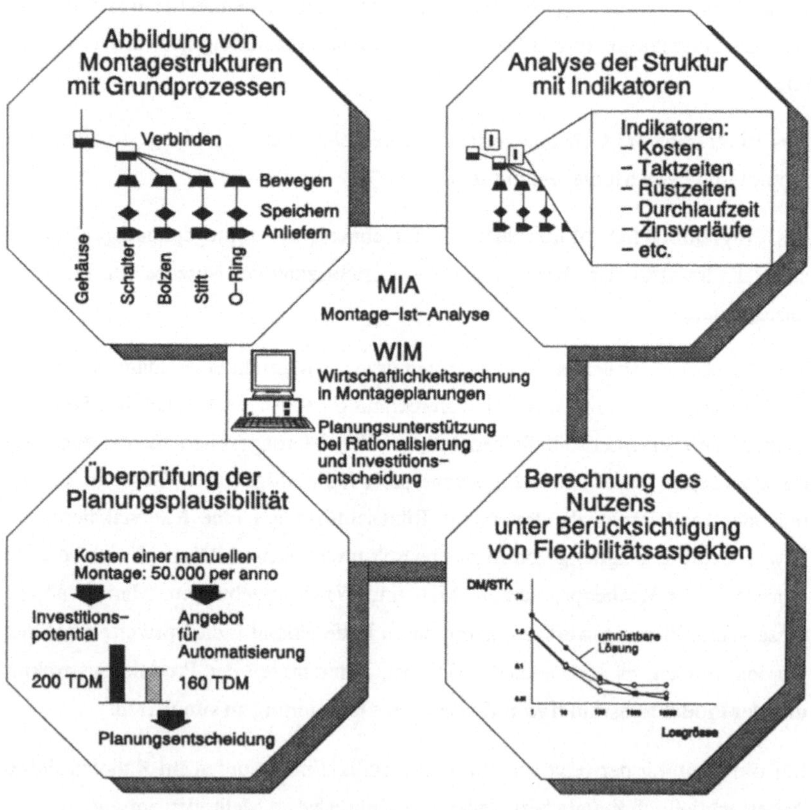

Bild 4.7: Einsatz der Planungsprogramme WIM und MIA

Bild 4.7 zeigt die Hauptaufgaben beider Programme. Es handelt sich im wesentlichen um die

- Abbildung von Montagestrukturen wie z.B. einer Montagestruktur für Bohrgetriebe,
- Analyse der Struktur mit Indikatoren,
- Überprüfung der Planungsplausibilität,
- Berechnung des Nutzens einer Strukturmodifikation, beispielsweise einer Automatisierung.

4.3.1 Programmaufbau von MIA und WIM

4.3.1.1 Programmaufbau von MIA (Montage-IST-Analyse)

Das Strukturanalyse- und Optimierungsprogramm MIA gliedert sich nach Bild 4.8 in zwei Funktionsblöcke. Eine detaillierte Funktionsbeschreibung befindet sich in Kapitel 4. 3.2.

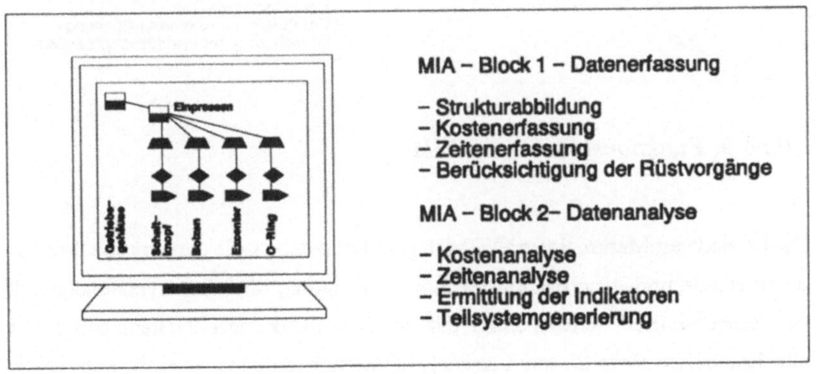

Bild 4.8: Funktionsblöcke von MIA

4.3.1.2 Programmaufbau von WIM (Wirtschaftlichkeitsrechnung in Montageplanungen)

WIM ist ein menueorientiertes EDV-Programm das zunächst konzipiert wurde, um die Entscheidung zwischen zwei Systemalternativen gleicher Leistung zu ermöglichen. Hierbei wurde besonders auf die Einbindung von Flexibilitätsaspekten Wert gelegt. WIM benützt wahlweise eine statische oder dynamische Form der Investitionsrechnung (Kapitalwertmethode) und baut sich, wie Bild 4.9 dokumentiert, aus zwei Funktionsblöcken auf.

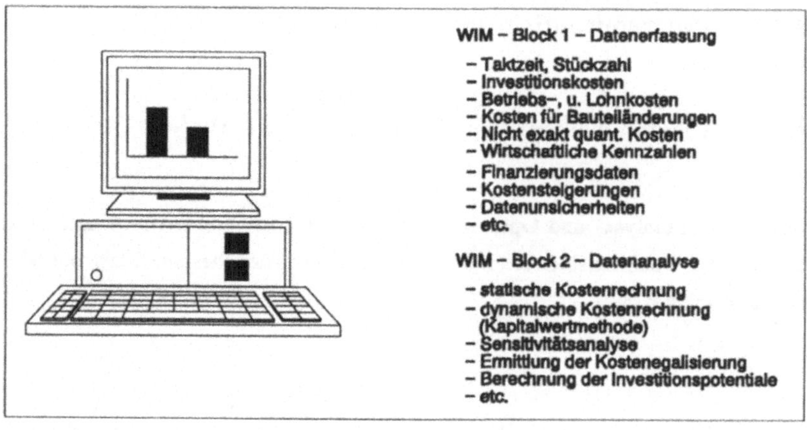

Bild 4.9: Funktionsblöcke von WIM

Die besonderen Merkmale von WIM liegen darin, daß es die dynamische Kapitalwertmethode und Amortisationsrechnung unterstützt, die Wiederverwendbarkeit von Betriebsmitteln berücksichtigt, auf eine Datenbank zugreifen kann und daß es alle Ergebnisse einer Sensitivitätsanalyse unterziehen kann. Dies ist notwendig, weil WIM nicht nur zur Nachkalkulation eingesetzt werden sollte, sondern es im Verbund mit MIA darauf ausgelegt ist, möglichst frühe Planungsabschätzungen zu gestatten.

4.3.2 Methoden vom MIA und WIM

Die Methoden von MIA und WIM werden in den Handbüchern näher erläutert und detailliert behandelt. Im Rahmen dieser Arbeit soll nur auf die Berechnungsmethoden eingegangen werden, die in Bezug auf die Flexibilitätsplanung eine Bedeutung haben .

4.3.2.1 Abbildung der zu planenden Struktur in MIA

Die rechnerinterne Abbildung einer Produktionsstruktur ist die Voraussetzung für eine spätere algorithmische Analyse und Optimierung. Sie geht dabei primär aus der Sicht der durchlaufenden Bauteile vor, die während des Montagedurchlaufs oder des Montagefortschritts Kosten und Zeiten 'aufsammeln'. Die Abbildung bzw. die rechnerinterne Darstellung beginnt hierzu beim Eintritt der einzelnen Bauteile in ein Montagesystem und endet mit dem Austritt des Teil- oder Endproduktes. Die Erfassung der Struktur verläuft in umgekehrter Reihenfolge und fragt den Anwender in jedem Eingabeschritt nach dem vorhergehenden Montageprozeß oder Montageschritt. Das Programm MIA strukturiert nach abgeschlossener Eingabe alle Prozeßelemente in ein logisches Netz und baut, im Gegensatz zu Programmen wie DOGMA /51/, automatisch einen Strukturbaum auf. Folgende drei Informationsgruppen werden bei der Abbildung, Analyse und Optimierung mit dem Planungshilfsmittel MIA&WIM erfaßt und unterschieden:

- Strukturglieder, wie Montageschritte, Verzweigungen, etc.,
- Zeitparameter, wie Durchlauf- und Taktzeiten,
- Kostenparameter.

Strukturglieder

Die Abbildung der Montagestruktur benützt die, in den vorangegangenen Kapiteln 2 und 3 erarbeiteten, elementaren Prozesse sowie deren Symbole. Zusätzlich kommt als Symbol für den Eintritt von Bauteilen in den Montagedurchlauf das, in Bild 4.10 aufgeführte, Strukturglied 'Anliefern' mit den zugehörigen Parametern hinzu. Für die grafische Darstellung verwendet die Abbildungssystematik unterschiedliche Detaillierungsgrade:

* Detaillierungsgrad 1 stellt eine Struktur mit elementaren Montageprozessen und Parametern dar,

* Detaillierungsgrad 2 bildet eine Struktur mit Makros oder Prozeßketten ab. Diese Prozeßketten können interaktiv zu Montagegesamtsystemen zusammengesetzt werden.

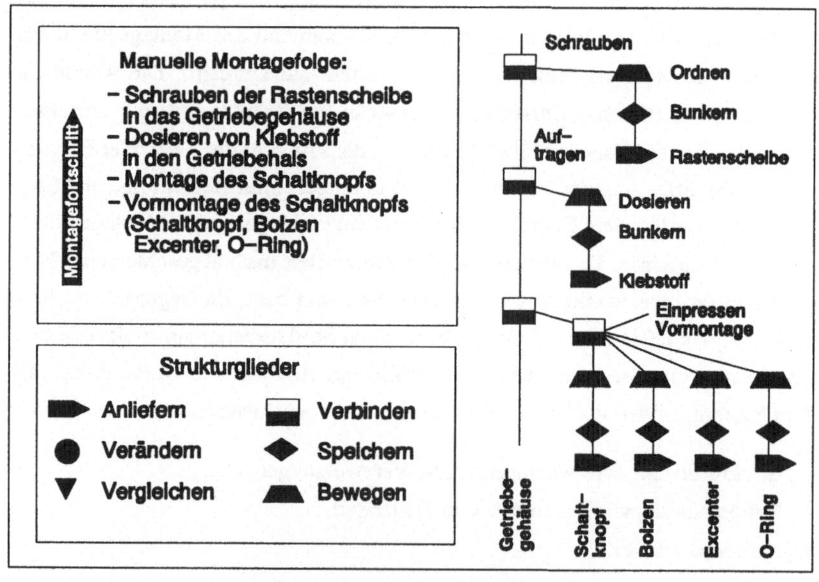

Bild 4.10: Strukturabbildung einer Getriebemontage

Treten in Montagestrukturen wie bei der Getriebemontage von Bild 4.10 Varianten auf, so sind Anpassungs- und Rüstmaßnahmen an den entsprechenden Vorgängen erforderlich. In einer manuellen Montagestruktur wird diesen Rüstvorgängen meist keine Bedeutung zugemessen. Für eine nachfolgende Automatisierung formulieren sie jedoch Flexibilitätsanforderungen, deren Dokumentation bei der Abbildung einer Montagestruktur von großer Wichtigkeit ist.

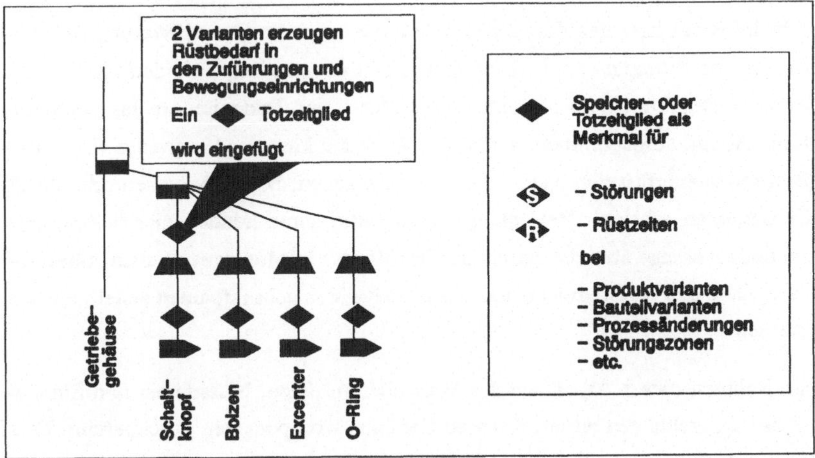

Bild 4.11: Flexibilitätsmerkmale in einer Struktur

Als symbolisches Merkmal für eine notwendige (fehlende) Flexibilität kann, wie Bild 4.11 zeigt, stellvertretend für Rüst- oder auch Störungsstillstandszeiten und deren Häufigkeiten ein Speicherelement als Totzeitglied in die Struktur eingefügt werden. Im Falle einer späteren automatisierten Lösung mit interner Flexibilität geht der Zeitwert für den Rüstvorgang gegen Null. Ist die Totzeit für Rüstvorgänge bekannt, kann das Kostensenkungspotential für den Wegfall dieser Totzeit ermittelt werden.

Zeitparameter

Die zu erfassenden Zeitparameter schlüsseln sich in zwei Blöcke auf:

- Vorbereitungs- und Planungszeiten eines Vorgangs wie z.B. einer automatischen Schraubverbindung. Diese Zeiten werden unter den Prozeßkosten verrechnet.
- Prozeßausführungszeiten.

Für die Ermittlung der Kapitalbindungskosten und die Quantifizierung des Einflusses von Störungs- oder Rüstvorgängen ist es unbedingt erforderlich, daß alle Prozeßzeiten (Durchlauf-, Störungs-, bzw. Rüst- und Taktzeiten) in das rechnerinterne Abbild aufgenommen werden. Diese Daten kann man entweder von einem Betriebsdatenerfassungssystem, von Vorgabezeiten, MTM-Analysen oder durch Schätzungen erhalten. Bewegungssimulationssysteme können hier helfen, eine schnelle Aussage über die zeitlichen Verhältnisse in Montagesystemen zubekommen, ohne daß umfangreiche und zeitintensive Versuchsaufbauten erstellt werden müssen.

Im Rahmen dieser Arbeit wurden Herstellerumfragen, Messungen und Simulationsuntersuchungen an umrüstbaren flexiblen Komponenten durchgeführt. Dies erlaubt eine Aussage über etwaige Totzeiten bei der Anpassung flexibler Montagekomponenten in einer Montagezelle oder Anlage. Die in Bild 4.12 aufgelisteten Rüstzeiten gliedern sich in drei Anpassungsarten auf:

- *Manuelles Einstellen oder Umrüsten* z.B. von Paletten, Magazinen, Zylinderanschlägen, Positioniermodulen (POM), Ordnungsschikanen an Förderern, etc.
- *Extern flexibles, automatisches Austauschen* von Magazinen, Greifern oder Ordnungsschikanen. Eine Sonderstellung nimmt hierbei der Komplettausch eines Roboters ein, der nach /35/ mobil auf einer Trägerpalette integriert ist (MOBROB).
- *Intern flexibles Umprogrammieren* von zwei Punkten an Robotern, NC-Achsen oder einer CCD-Zeile zur Erkennung der Fehllagen von Bauteilen.

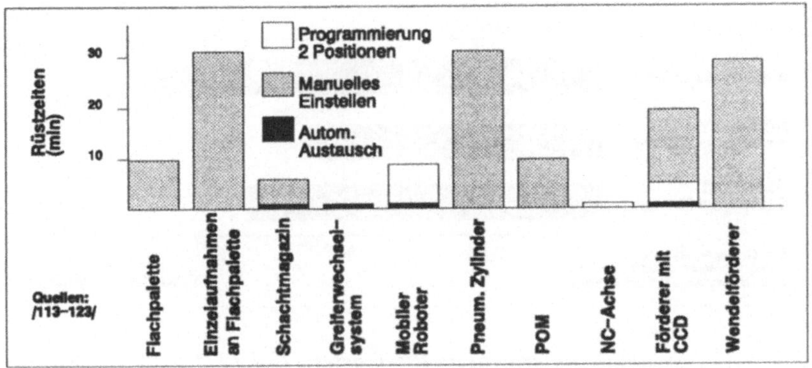

Bild 4.12: Durchschnittliche Rüstzeiten an Komponenten

Kostenparameter

Die Abbildung einer Struktur wird durch die Ermittlung der Prozeßkosten abge-
schlossen. Hierzu werden die Betriebskosten pro Vorgang und Bauteil von WIM
und MIA automatisch ermittelt. Der Anwender muß folgende Daten eingeben:

- Die Stückzahl der durchlaufenden Teile,
- die Investitionen für die beteiligten Komponenten,
- die Eckdaten der entstehenden Betriebskosten,
- die Lohnkosten bei diesem Vorgang,
- die Ausschußquote,
- die produktangepaßten bzw. nicht angepaßten Komponenten.

Eine einmal erstellte Montagestruktur kann sowohl in ihrem Aufbau, als auch in
den Parametern mit Editorfunktionen verändert werden. Bild 4.13 zeigt die Prozeßkosten für manuelles und automatisches Rüsten von Peripheriekomponenten.
Die Kostenrechnung wurde mit WIM durchgeführt, die Berechnungsgrundlage ist
in Bild 4.13 angegeben.

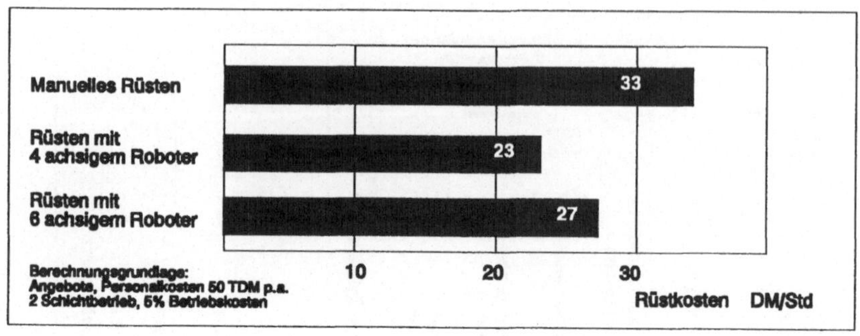

Bild 4.13: Automatisch ermittelte Rüstkosten /124,125/

4.3.2.2   Analyse einer Montagestruktur mit Hilfe von Indikatoren

Die Analyse einer einmal eingegebenen Montagestruktur soll den Planer auf etwaige Kostensenkungspotentiale und Rationalisierungsschwerpunkte hinweisen. Um dieses Ziel zu erreichen, wurden in MIA und WIM Indikatoren definiert, welche monetäre Hinweise auf derartige Kostenschwerpunkte oder die Plausibilität einer Planung zulassen. Diese Indikatoren werden jedem einzelnen Montageprozeß oder auch ganzen Montagesystemen automatisch zugeordnet und lassen sich in zwei Klassen einteilen. In Klasse 1 befinden sich monetär beschreibbare Indikatoren, wie

- Kostensenkungspotentiale A, B, C,
- Investitionspotentiale,
- Kostensenkungspotential des taktgebenden Vorgangs,
- Platzkosten.

Klasse 2 umfaßt binäre Indikatoren, die nur zwei Werte annehmen können, nämlich ja und nein. Diese Indikatoren sagen aus, ob ein Vorgang beispielsweise durchlaufzeit- oder taktzeitbestimmend ist.

Das *Kostensenkungspotential A* berücksichtigt alle in einem Vorgang anfallenden Kosten und zusätzlich Kosten, die durch den Montagevorgang in einer Struktur beispielsweise durch Kapitalbindungskosten verursacht werden. Ein hohes Kostensenkungspotential A weist explizit auf Vorgänge hin, bei denen sich eine Rationalisierung empfiehlt.

Das *Kostensenkungspotential B* fällt unter der Randbedingung an, daß die Prozeßzeit gegen Null geht. Es bietet sich so die Möglichkeit, die durch die Prozeßzeit ausgelösten Kapitalbindungskosten zu ermitteln. Das Kostensenkungspotential B bietet damit einen Hinweis auf den Nutzen einer Zeitsenkung, die sich zum Beispiel in Folge einer Automatisierung ergeben kann.

Das *Kostensenkungspotential C* ist ein Indikator für die Kosten, die aus den für einen Vorgang durchschnittlichen Störungs- oder Rüstzeiten resultieren.

Das *Investitionspotential* ist, wie schon erwähnt, ein Betrag der für eine Ersatzinvestition aufgewendet werden könnte, ohne daß dadurch während des gesamten Produktionsprozesses mehr Kosten entstehen als im Istzustand. Am Indikator 'Investitionspotential' läßt sich ablesen, wie teuer die in Frage kommende Ersatzinvestition auf Komponenten-, Zellen- oder Anlagenebene maximal sein darf. Der Indikator Investitionspotential kann hierzu unterschiedliche Flexibilitätsgrade durch die Berücksichtigung des Nutzens einer potentiellen Wiederverwendbarkeit der Investition berechnen. Das flexible Investitionspotential ist, so zeigt Bild 4.14, größer als ein starres Potential, da die wiederverwendbaren Komponenten auf mehrere Produkte und eine längere Produktionszeit abgeschrieben werden können.

Bild 4.14 verdeutlicht dies am Beispiel der manuellen Montage eines Getriebeschaltknopfs von Bohrmaschinen. Das Kostensenkungspotential A ergibt sich aus den manuellen Montagekosten. Diese betragen jährlich DM 50.000 bei den gegebenen Produktionsbedingungen. WIM errechnet daraus ein Kostenpotential A von DM 216.000 in der 6-jährigen Produktionsperiode. Das Investitionspotential, als Wert der Investitionsmöglichkeit an diesem Montageabschnitt, kann nun mit WIM und MIA iterativ hochgerechnet werden. Es beträgt, im Beispiel von Bild

4.14, DM 190.000 für eine starre Montageeinrichtung und DM 200.000 für eine zu 25% wiederverwendbare Montageform.

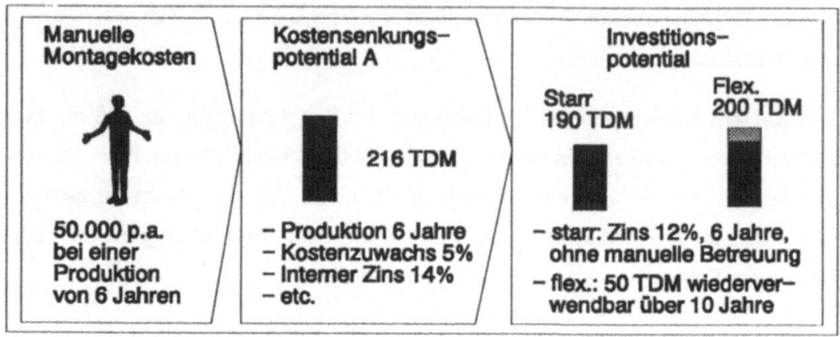

Bild 4.14: Investitionspotentiale einer Vormontage

Der *taktgebende Vorgang*, in Bild 4.15 mit *T* symbolisiert, bestimmt durch seine Dauer die durchschnittliche Taktzeit der Gesamtproduktion. Eine Verkürzung von Rüst- oder Prozeßzeit des taktgebenden Vorgangs wird deswegen zu einer Senkung der Gesamttaktzeit und damit zu einer Erhöhung der Ausbringung und Auslastung der Anlage führen. Jede Produktion hat in der Regel nur einen taktgebenden Vorgang, so daß dieser Indikatorwert nur einmal vergeben wird.

Das *Kostensenkungspotential des taktgebenden Vorgangs* zeigt den Punkt einer Montagestruktur, an dem die Herstellkosten durch Reduzierung der Vorgangszeit, als Folge einer insgesamt niedrigeren Taktzeit und damit höheren Stückzahl, maximal gesenkt werden könnten.

Die *durchlaufzeitkritischen Produktionsvorgänge* bilden den kritischen Pfad einer Produktion und haben Einfluß auf die Entstehung der Kapitalbindungskosten. Durchlaufzeitkritische Vorgänge eignen sich in keinem Fall für den Einsatz extern flexibler Montagekomponenten oder Systeme, da Rüstzeiten eine zusätzliche Verzögerung des Auftragsdurchlaufs und damit eine negative Wirkung haben würden. Ist ein Vorgang hingegen durchlaufzeitunkritisch, so kann eventuell ohne Bedenken eine externe Anpassung von Montagesystem oder Komponente erfolgen.

Herstellkosten, Taktzeit und Durchlaufzeit des gesamten Montagesystems unterscheiden sich von den Indikatoren darin, daß sie der gesamten Produktion zugeordnet werden und nicht für einzelne Produktionsvorgänge gelten. Sie dokumentieren, im Gegensatz zu den übrigen Indikatoren, den Einfluß von Änderungen an Teilsystemen oder Komponenten auf die Gesamtproduktion und ermöglichen damit den Vergleich unterschiedlicher Alternativen.

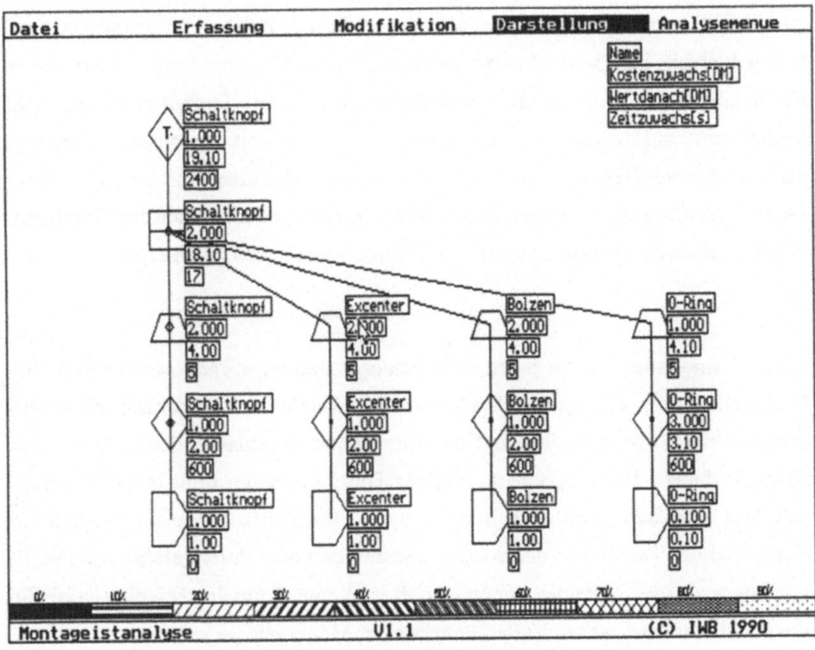

Bild 4.15: Abbildung einer Struktur mit MIA

4.3.2.3   Berechnungsverfahren

Berechnung der Durchlaufzeit und Taktzeit mit MIA und WIM

Die Problematik bei der Ermittlung der Durchlaufzeit liegt in der Berücksichtigung von parallelen Produktionsprozessen. Handelt es sich um die Betrachtung von rein sequentiellen Produktionsabläufen, so ergibt sich die Durchlaufzeit durch eine Addition der einzelnen Vorgangszeiten. Fast jeder Produktionsprozeß setzt sich jedoch aus parallel laufenden, sequentiellen Teilprozessen zusammen, die an einem bestimmten Produktionsschritt ineinander münden. Treffen zwei oder mehr Teilprozesse in Fügeprozessen aufeinander, fließt die Zeit des längsten Vorgangs als schwächstes Glied der Kette in die Gesamtdurchlaufzeit mit ein. Bei Mehrfachverwendung einer Bauteilart in einem Fügeprozeß addiert sich zur Durchlaufzeit des ersten Bauteils noch entsprechend der Bauteilezahl (x) die Zeit t:

$$t = (x - 1)\, t_z \quad \text{mit } t_z \text{ als Taktzeit dieses Vorgangs}$$

Diese Formel muß nun für jeden Produktionsprozeß eigens angewendet und hierbei in jeder Verzweigung entschieden werden, welcher der Produktionspfade aufgrund seiner Vorgangszeiten und der Anzahl von durchlaufenden Bauteilen am längsten dauert. Für die Berechnung der Durchlaufzeiten muß in allen Einzelschritten eine Berechnung der notwendigen Durchlaufzeiten einer sequentielle Folge und der Taktzeit in der k-ten sequentiellen Folge durchgeführt werden. Es ergeben sich die folgenden rekursiven Berechnungsformeln, beispielsweise für die Durchlaufzeit t_{end} am letzten Schritt einer Montagefolge k:

$$t_{end\,k} = t_{anf\,k} + t_{takt\,k} * (x_k - 1) + t_v$$

mit

$t_{anf\,k}$ $= $ Anfangszeitpunkt des Vorgangs V in der sequentiellen Folge k

$t_{takt\,k}$ $= $ Index für die Taktzeit in der k-ten sequentiellen Folge

t_v $= $ Vorgangszeit

Diese Ermittlung kann auch für die Analyse des durchlaufzeitkritischen Pfades einer Montagestruktur benutzt werden. Der Algorithmus beginnt hierzu beim Endprodukt. Er kennzeichnet alle Vorgänge auf seinem Weg in Richtung Anlieferungszustand als kritisch, die entsprechend ihrer sequentiellen Folgezeiten einen Einfluß auf die Gesamtdurchlaufzeit haben. Dies geschieht, bis der Anlieferungszustand der einzelnen Bauteile erreicht ist.

Anders gehen MIA und WIM bei der Ermittlung der Taktzeiten und des taktzeitkritischen Punktes vor. Auch hier wird für jede sequentielle Folge eine eigene Taktzeit errechnet. Zur Taktzeitermittlung wird jede Folge jedoch zunächst nach folgenden Kriterien abgegrenzt:

- Montagevorgänge in Richtung des Endproduktes oder das Produktionsende selbst beenden eine Folge, sind aber von der Folge ausgeschlossen.
- Angrenzende Montagevorgänge in Richtung der Anlieferung von Einzelteilen, oder die Anlieferung selbst lassen eine Folge beginnen.

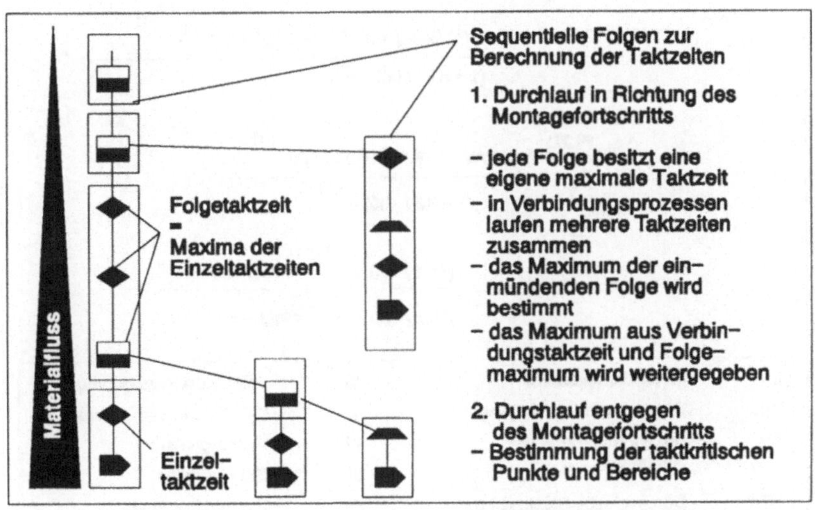

Bild 4.16: Sequentielle Folge zur Taktzeitermittlung

Der Algorithmus durchläuft für die Taktzeitermittlung die gesamte Montagestruktur zweimal. Das erste Mal erstreckt sich der Algorithmus vom Anlieferungszu-

stand bis zum Endprodukt zur Bestimmung der Einzeltaktzeiten in den Montagefolgen, und beim zweiten Mal vom Endprodukt zum Anlieferungszustand, um den
einzelnen Prozessen oder Vorgängen die Taktzeit der Montagefolge mitzuteilen.
Sind alle Taktzeiten ermittelt, ist es mit MIA möglich, den taktgebenden Prozeß
zu bestimmen (siehe Bild 4.15).

Berechnung der Investitionspotentiale

Die Investitionspotentiale von Montagevorgängen oder einer gesamten Montageanlage werden von WIM und MIA wie folgt errechnet: Durch Extrapolation über
den Produktlebenszyklus wird die Summe der laufenden Kosten des Ist-Zustandes
der bestehenden Anlage ermittelt. Diese Kosten werden auf den Betrachtungszeit-
punkt bezogen und dadurch als zeitunabhängiger Ist-Barwert dargestellt.

$$\sum_{J=1}^{PLZD} \frac{(VZ * AV * STK * SL * PB + IP * BKP / 100) * (1 + JS / 100)^{J-1} + AN}{(1 + KZ / 100)^{J-1}} \; - $$

$$\sum_{J=1}^{PLZD} \frac{WZ * AV * STK * (1 + JS / 100)^{J-1}}{(1 + KZ / 100)^{J-1}}$$

$$\text{mit Annuität } AN = IP \; \frac{(FKZ / 100 + 1)^{PLZD} \; * FKZ / 100}{(FKZ / 100 + 1)^{PLZD} \; * FKZ - 1}$$

IP	– Investitionspotential		JS	– Jährl. Kostensteigerung
WZ	– Wertzuwachs im Vorgang		KZ	– Kalkulatorischer Zinsfuss
AV	– Anzahl der Vorgangs- durchläufe		VZ	– Vorgangszeit
			SL	– Stundenlohn
STK	– Durchschnittl. Stückzahl p.a.		PB	– Personalbindung
BKP	– Betriebskostenprozentsatz		FKZ	– Fremdkapitalzinsenentsatz
PLZD	– Dauer des Produktlebenszyklus			

Bild 4.17: Berechnungsformel für Investitionspotentiale

Für geplante neue Vorgänge, z.B. den Einsatz einer Roboterzelle in einer Montageanlage, wird nun zunächst der Barwert der notwendigen Lohnkosten ermittelt. Hierzu wird der Anwender nach den zu erwartenden Lohnkosten oder der Einsatzdauer, dem Stundenlohn und der Personalbindung an der Roboterzelle gefragt. Liegt der errechnete Lohnkostenbarwert der Roboterzelle niedriger als der Ist-Barwert, sucht der Algorithmus von MIA iterativ genau die Beschaffungskosten, bei welchen die Summe der Barwerte aus Finanzierung, Betriebskosten und Lohnkosten der automatischen Lösung dem Ist-Barwert entspricht.

Berechnung der Wiederverwendbarkeit

Die Programme MIA und WIM berücksichtigen die Wiederverwendbarkeit produktneutraler Montagestrukturen dadurch, daß sie die Investitionssumme für derartige Systeme um einen, nach bestimmten Methoden ermittelten, Restwert reduzieren. Da die Investitionssumme allerdings nur in Form der Tilgungen in die Berechnung eingeht, werden diese über den ganzen Finanzierungszeitraum stellvertretend um den entsprechenden Anteil verringert. Dabei bleiben Zinsen und Zinseszinsen unberührt. Für die Restwertermittlung können drei Methoden angewendet werden.

- Der Restwert einer Investitionsalternative wird als Prozentanteil der Investitionsgesamtsumme angegeben.

- Der Restwert wird aufgrund der Beanspruchung der einzelnen Betriebsmittel während ihrer Lebensdauer ermittelt. Dazu wird der Wert jedes Betriebsmittels nach den zu bewältigenden Arbeitseinheiten über seine Lebensdauer verteilt. Der Restwert nach einem bestimmten Zeitpunkt entspricht dabei der Summe aller Werteinheiten, die nach diesem Zeitpunkt gruppiert wurden. Der Anteil einer Werteinheit an der Gesamtinvestitionssumme entspricht dem Anteil der Zeit, den ein Teil an der gesamten Produktionszeit der Anlage besitzt.

- Da die Beanspruchung eines Betriebsmittels während seiner gesamten Lebensdauer in den seltensten Fällen bekannt ist, bietet WIM die Möglichkeit, den Beanspruchungsverlauf aus einer Palette von vier gegebenen Verläufen auszuwählen. Diese Verläufe verhalten sich entweder linear, geometrisch degressiv, arithmetisch degressiv oder arithmetisch progressiv. Wie bei Methode I oder II wird auch hier der Wert jedes Betriebsmittels entsprechend dem Beanspruchungsverlauf über seine Lebensdauer verteilt. Genauso gleicht der Restwert nach einem bestimmten Zeitpunkt der Summe der Werteinheiten, die nach diesem Zeitpunkt liegen.

Dynamische Berechnung der Kostenegalisationszeit

Da das Wirtschaftlichkeitsanalyseprogramm WIM nur jeweils zwei Investitionsalternativen vergleicht und keine Ertragsbetrachtungen anstellt, wird die Amortisationszeitberechnung auf Opportunitätskostenbasis durchgeführt. Dies und die dynamische Betrachtungsweise bzw. der große Spielraum, der dem Anwender bei der Wahl von Finanzierungsmethoden zu Verfügung steht, macht ein eigenes, auf diesen Problemfall zugeschnittenes Rechenmodell erforderlich. Das Ergebnis der Rechnung ist der Kostenegalisationszeitpunkt. Zu diesem Zeitpunkt haben Einsparungen durch niedrigere laufende Kosten gegebenenfalls einen größeren Aufwand durch höhere Investitionskosten ausgeglichen. Voraussetzung für die Kostenegalisierung ist, daß die in den Anschaffungskosten teurere Alternative niedrigere laufende Kosten hat. Im folgenden sind der Reihenfolge nach die wichtigsten Berechnungsschritte aufgeführt, die für die Ermittlung der Kostenegalisationszeit durchlaufen werden müssen:

- Für alle Perioden der Finanzierungszeit werden Zinsen und Tilgungen beider Alternativen ermittelt.

- Die jeweiligen Barwerte von Zinsen und Tilgungen werden durch Abzinsen ermittelt, Bezugszeitpunkt ist der Investitionszeitpunkt.

- Für jede Alternative wird separat eine Gesamtsumme aller Barwerte von Zinsen und Tilgungen gebildet.

- Die Gesamtsummen der beiden Alternativen werden voneinander abgezogen und dadurch die Differenz D ermittelt, die von der in Bezug auf Anschaffungskosten teureren Alternative durch niedrigere laufende Kosten eingespart werden muß.

Die laufenden Kosten beider Alternativen werden für die gesamte Dauer des Produktlebenszyklus ermittelt.

- Die Differenzen zwischen den laufenden Kosten der Alternativen in den einzelnen Perioden werden gebildet und dann auf den Investitionszeitpunkt zu einem Barwert abgezinst.
- Die Barwerte der Differenzen werden, beginnend bei der ersten Periode, aufaddiert, bis ihre Summe die Differenz D erreicht hat. Die Differenz D wird durch Addition aller Barwertdifferenzen gebildet, die in der Kostenegalisationszeit liegen. Dadurch ist die Kostenegalisierungsszeit festgelegt.

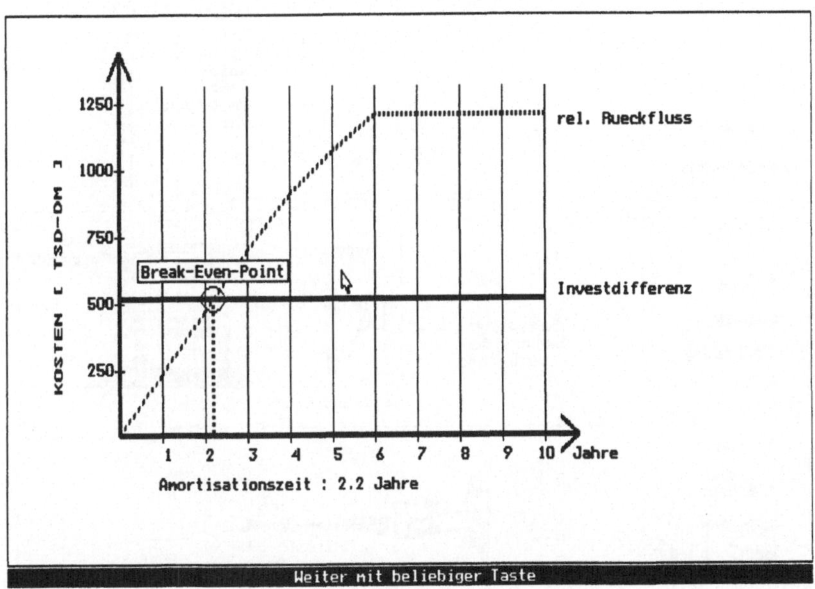

Bild 4.18: Berechnung der Kostenegalisierung

4.4 Planungssystematik

Die im folgenden definierte Planungssystematik mit den Rechenprogrammen WIM und MIA dient zur Optimierung bestehender oder in der Entwurfsphase befindlicher Montagesysteme mit unterschiedlichen Automatisierungsgraden. Der Planer geht hierzu, wie in Bild 4.19 beschrieben, vor.

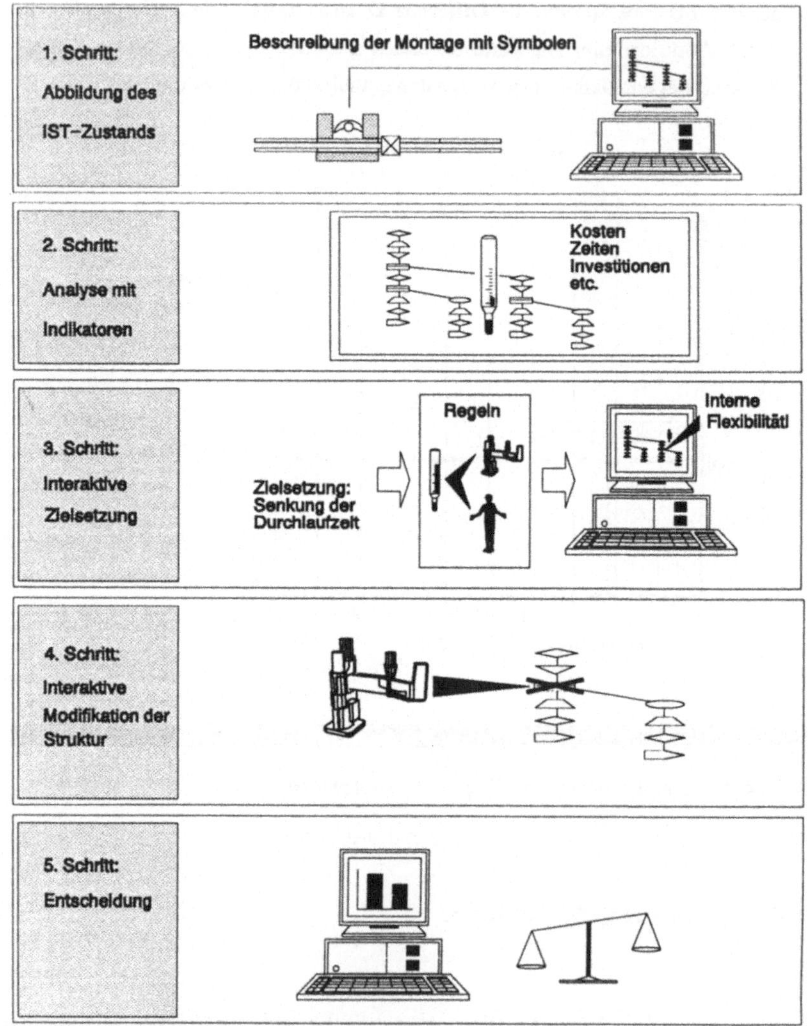

Bild 4.19: Planungsvorgehen bei Rationalisierungen

Die Schritte 1 und 2 der Planungssystematik von Bild 4.19 wurden bereits bei der Darstellung der Programme WIM und MIA erläutert. In den folgenden Kapiteln soll die Interpretation der Indikatorwerte näher erklärt werden. Die Interpretation der Indikatorwerte muß interaktiv vom Planer durchgeführt werden. Das Ergebnis der Interpretation der Indikatoren soll die Antworten auf folgende Fragen geben:

- Lohnt sich Automatisierungsplanung überhaupt ?
- Wo sollen Strukturveränderungen durchgeführt werden ?
- Welche Maßnahmen sollen getroffen werden?

4.4.1   Überprüfung der Planungsplausibilität

Um die Planungszeiten zu senken und den Planer vor unerwünschten Planungsaktivitäten zu bewahren, ist es bei Beginn einer Planung ratsam zu prüfen, ob die Kostensenkungs- und damit die Investitionspotentiale in einem System für eine Automatisierung ausreichend sind. Hierzu kann man mit dem Programm MIA auf Wunsch automatisch lukrative Subsysteme in einer Montagestruktur ermitteln und diesen Investitionspotentiale zuweisen. Das Programm geht dabei von den Kostenschwerpunkten einer Struktur aus und berechnet für die entsprechenden Prozesse, Komponenten und Subsysteme bis hin zum Gesamtsystem die zugehörigen Potentiale. Da die Investitionspotentiale auf die maximale Investition in einem System hinweisen, kann der Planer wie in Bild 4.20 durch einen Vergleich mit Angebotsdaten oder Erfahrungswerten erste Rückschlüsse bekommen, ob durch eine etwaige Kosteneinsparung eine Investition gerechtfertigt ist.

Bild 4.20 führt als Beispiel wiederum die Montage von Bohrgetrieben an. Im IST-Zustand sind dort 6,5 Werker im Einschichtbetrieb beschäftigt. Eine Systemanalyse der einzelnen Montagebereiche mit MIA und WIM weist bei der Vormontage des Schaltknopfes ein flexibles Investitionspotential von DM 200.000 aus, das den Angebotspreis eines Anlagenherstellers überschreitet. In diesem Fall kann eine weiterführende Planung sinnvoll in Angriff genommen werden.

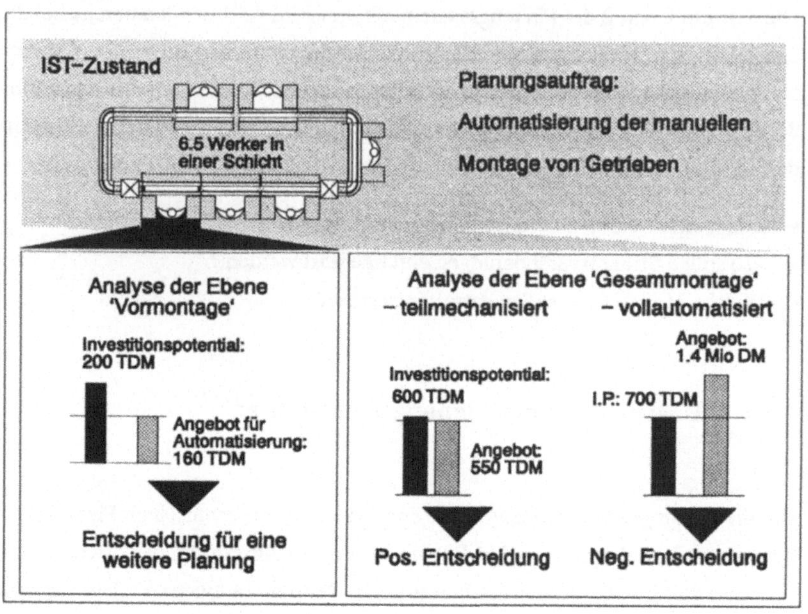

Bild 4.20: Planungsprüfung mit Investitionspotentialen

Für eine Automatisierung des Gesamtsystems bieten sich zwei prinzipielle Lösungsmöglichkeiten an. Eine teilmechanisierte Montageanlage mit einer Roboterzelle zu einem Angebotspreis von DM 550.000 sowie eine Vollautomatisierung zu DM 1.400.000. Die jeweiligen Investitionspotentiale liegen im Fall der teilmechanisierten Lösung höher, für die vollautomatisierte Alternative jedoch weit unter dem Angebotsniveau. In diesem Fall würde die Planungsüberprüfung mit WIM und MIA von einer vollautomatisierten Lösung und einer Planung in dieser Richtung abraten.

Falls diese erste Planungsüberprüfung positiv ausfällt, kann nun im zweiten Schritt der richtige Rationalisierungsort und die geeignete Maßnahme gesucht werden. Hierzu kann additiv zum analysierten Abbild der Montage-Ist-Struktur interaktiv mit einem Regelwerk gearbeitet werden, das im Verlauf der industriellen Erprobung der Programme WIM&MIA erarbeitet wurde. Dieses Regelwerk klärt den Zusammenhang zwischen Indikatoren, Optimierungsmethoden und Optimierungszielen.

4.4.2 Grobplanung von Rationalisierungsmaßnahmen

Die Eingangsgröße des Regelwerkes ist eines der folgenden, vom Anwender zu wählenden, Optimierungs- oder Planungsziele:

- Senkung der Montagekosten,
- Steigerung der Auslastung,
- Senkung der Taktzeit und der Durchlaufzeit,
- Steigerung der Ausbringung.

Diese Ziele lassen sich jeweils auf unterschiedlichen Wegen beziehungsweise durch unterschiedliche Optimierungsmethoden erreichen. Eine montagegerechte Konstruktion wird bei diesen Überlegungen vorausgesetzt. Im folgenden skizziert diese Arbeit den Zusammenhang zwischen Zielen und Optimierungsmethoden:

- Eine *Senkung der variablen Kosten* kann beispielsweise durch eine höhere Mechanisierung oder Automatisierung erzielt werden. Hier gilt es, die richtige Maßnahme für die geforderte Ausbringung, Losgröße und Komplexität der Vorgänge zu treffen. In Bezug auf flexible Montagestrukturen kann man aus den vorhergehenden Überlegungen schließen: Bei kleinen Losgrößen und zeitkritischer Produktion bieten sich intern flexible Montagesysteme mit Rüstzeiten gegen Null an, während bei kleinen Losgrößen in zeitunkritischen Bereichen der Montage durchaus mit externer Flexibilität gearbeitet werden könnte. Die zu den variablen Kosten zu rechnenden Kapitalbindungskosten können außerdem durch ein Kürzen der Durchlaufzeit gesenkt werden.

- Eine *Senkung der fixen Kosten* können durch den Einsatz von weniger kapitalintensiven Produktionsmitteln erreicht werden. Es bietet sich zum Beispiel der Ersatz interner Flexibilität durch extern flexible Komponenten an.

- Eine *Steigerung der Auslastung* läßt sich durch ein Erhöhen der Zuverlässigkeit von Montagestrukturen oder durch ein Senken der Taktzeit, beispielsweise mittels Parallelschaltung, erzielen. Derartige Steigerungen können, wie in Kapitel 3 beschrieben, in flexiblen Montagestrukturen durch Auftragsaufspaltung erreicht werden, sofern die benötigten Montagemaschinen zur Verfügung stehen.

- Die *Gesamttaktzeit* wird dadurch *reduziert*, daß die in Frage kommenden taktzeitgebenden Vorgänge durch Strukturveränderungen und eine Leistungssteigerung der Montagetechnologie beschleunigt werden. Für die Massenfertigung bietet sich dabei eine starre Automatisierung an. Bei der Montage von kleinen Losgrößen und hoher Variantenzahl kann der Einsatz von intern flexiblen Systemen eine Verbesserung bringen. Ist der taktgebende Vorgang ein Speicher- oder Bewegungsvorgang, kann eine bessere Organisation auf Zellen- oder Komponentenebene erhebliche Zeitgewinne bringen, weil diese Vorgänge, wie in der Vergangenheit oft übersehen, meist ein hohes Zeiteinsparungspotential besitzen.

- Eine *niedrigere Durchlaufzeit* senkt die durch die Kapitalbindung entstehenden Kosten und eröffnet gegebenenfalls Marktvorteile durch kürzere Lieferzeiten. Auf dem Weg zu kürzeren Durchlaufzeiten müssen nach Möglichkeit die Zeiten der Vorgänge des kritischen Pfades durch Automatisierung oder, bei hohen Rüstzeiten, durch entsprechende interne Flexibilität gesenkt werden. Besonderes Augenmerk gilt hier der organisatorischen Optimierung der Speicher- und Bewegungsvorgänge des kritischen Pfades auf Zellenebene.

Eine Verknüpfung von Zielen und Methoden wurde in den Bildern 4.21 - 4.23 in ein Tabellenwerk eingeteilt, das den Planer bei der Entscheidungsfindung unterstützen soll. Die Tabellen können eine grobe Richtung für das zielgerichtete Optimieren einer Montagestruktur weisen.

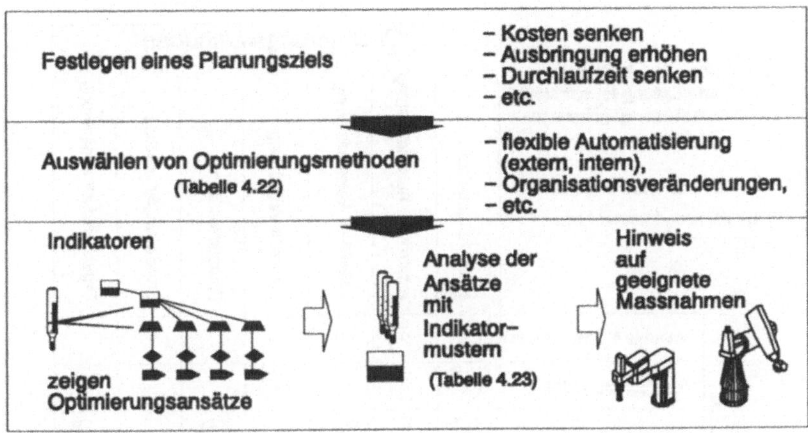

Bild 4.21: Planung mit einem Regelwerk

Die Arbeit mit dem Regelwerk soll nun an einem Beispiel kurz erläutert werden. Ausgangsbasis ist die zuvor in Bild 4.20 voruntersuchte, manuelle Montage von Bohrgetrieben mit allen Parametern und Indikatoren.

Das zu optimierende System produziert mit 6,5 Werkern bisher zwei Varianten von Schlagbohrgetrieben bei einer Jahresstückzahl von ca. 130000. Die Taktzeit beträgt 17 s . Die Voruntersuchung mit MIA und WIM gibt einen Hinweis auf eine lohnende Planung einer teilautomatisierten Montageform oder einer Automatisierung der Schaltknopfvormontage (vgl. Bild 4. 20).

Der Planer wählt im nächsten Schritt das für ihn interessante Optimierungsziel, beispielsweise eine Kostenreduzierung der variablen Kostenanteile. Mit diesem Ziel kann der Planer aus der Tabelle von Bild 4.22 eine Optimierungsmethode der Montageform wählen. Im Falle einer Senkung der variablen Kosten der Bohrgetriebemontage zeigt Tabelle 4.22 mit den Methoden 1 bis 3 stellvertretend eine starre oder flexible Automatisierung in Bereichen des Montagesystems.

		Optimierungsmethoden						
		starre Automatisierung	extern flex. Automatisierung	intern flex. Automatisierung	manuelle Verrichtung	Ersatzinvestition	Erweiterungsinvestition	Organisationsverbesserung
PLANUNGSZIELE	variable Kosten senken	①	②	③				
	fixe Kosten senken	①*	②**		④			⑤
	Auslastung erhöhen	⑥	⑦	⑧		⑨		⑩
	Verfügbarkeit steigern	①	②	③		⑪	⑪	⑫
	Taktzeit senken	①	②	③		⑪	⑪	⑫
	Ausbringung steigern	①	②	③		⑪	⑪	⑫
	Durchlaufzeit senken	⑬	⑭	⑮		⑮		⑯
	Qualität steigern	①	②	③		⑪		⑫

Bild 4.22: Verknüpfungsmatrix - Ziel - Methode

Nachdem das Optimierungziel und die entsprechende Methoden feststehen, muß nun untersucht werden, wo beziehungsweise bei welchem Produktionsvorgang eine der vorgeschlagenen Maßnahmen sinnvoll erscheint oder, ob möglicherweise gar kein geeigneter Ansatzpunkt existiert. Aus Bild 4.23 kann man entnehmen, welche Indikatorwerte für den jeweiligen Anwendungsfall besondere Eignung versprechen. Vergleicht man dieses Idealmuster mit den, für das Gesamtsystem oder die einzelnen Vorgänge errechneten realen Indikatorwerten, werden die Produktionsvorgänge erkennbar, die sich für den geplanten Eingriff anbieten.

Im vorliegenden Beispiel entnimmt der Planer aus der Tabelle 4.22 die Methoden
1 - 3 für eine lohnende Rationalisierung der variablen Kosten. Im Bild 4.23 erhält
man nun unter diesen Spalten die Indikatormuster.

○ = pos. Merkmal
● = neg. Merkmal

OPTIMIERUNGSMETHODE für ein bestimmtes ZIEL

Indikatoren	1	2	3	4	5	6	7	8	9	10	11	12	13	14	15	16
Investitionspot. hoch	○	○	○	○	○											
Investitionspot. niedrig	●	●	●	●	●											
Kostensenkungspot. A hoch	○	○	○	○	○											
Kostensenkungspot. A niedrig	●	●	●	●	●											
Kostensenkungspot. B hoch	○	●	○	●	●	○	○	○	○	○	○	○	○	○	○	○
Kostensenkungspot. B niedrig	●	○	●	○	○	●	●	●	●	●	●	●	●	●	●	●
Kostensenkungspot. C hoch	●	○	○			●	○	○					●	○	○	○
Kostensenkungspot. C niedrig	○	●	●			○	●	●					○	●	●	●
Vorgangskosten hoch	○	○	○	○	○	○	○	○	○	●	○	●				●
Vorgangskosten niedrig	●	●	●	●	●	●	●	●	●	○	●	○				○
Vorgang durchlaufzeitkritisch	○	●	○	●	○	○	●	○			○	○	○	●	○	○
Vorgang taktzeitkritisch	○	●	○	●	○	○	●	○	○	○	○	○	○			
Vorgang taktgebend	○	●	○	●	○	○	●	○	○	○	○	○				

Bild 4.23: Indikatormuster zur Methodenbestimmung

Im Falle des Beispiels 'Senkung der variablen Kosten' eines Gesamtmontagesy-
stems für die Getriebemontage würden in den Musterspalten 1 (starr), 2 (extern
flexibel) und 3 (intern flexibel) von Bild 4.23 entsprechende Indikatormuster an-
geboten. Mit diesen Mustern sollte nun die Montagestruktur bzw. die von MIA
und WIM angebotenen Analyseergebnisse überprüft werden.

Der Planer wählt beispielsweise die Vorgänge mit den höchsten Investitionspotentialen oder mit einem hohen Kostensenkungspotential A aus und überprüft die
restlichen Indikatoren. Im vorliegenden Beispiel liegt das Subsystem mit dem
höchsten Investitionspotential mit 200 TDM im Bereich der Schaltknopfvormon-

tage von Bild 4.24. Außerdem verursachen zwei Varianten des Schaltknopfes eventuelle Rüstzeiten, Totzeitglieder und damit ein Kostensenkungspotential C. Die Entscheidung laut Indikatormuster zeigt eindeutig auf eine flexible Lösung in diesem Bereich.

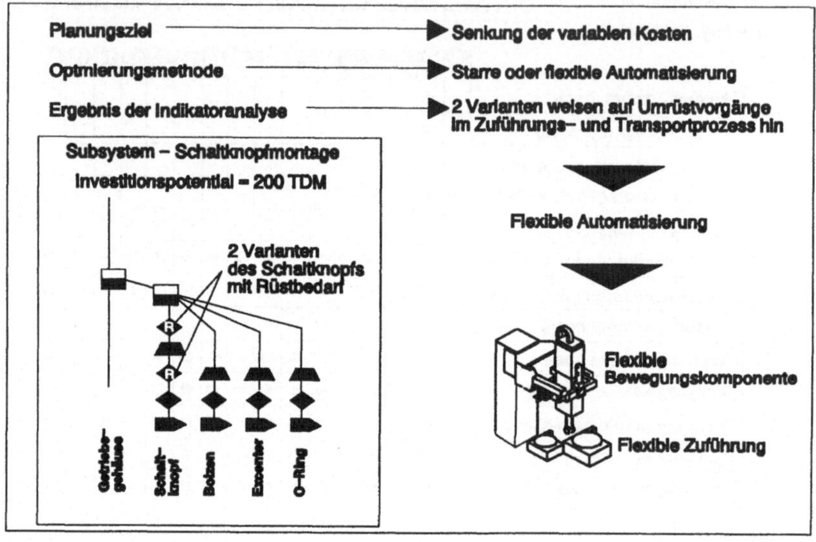

Bild 4.24: Groboptimierung einer Getriebemontage

Falls die Aussage der Indikatormuster im Falle von externer bzw. interner Flexibilität nicht eindeutig ist, muß durch Variation entsprechender Totzeitglieder in der Struktur überprüft werden, ob sich - zunächst bei extern flexiblen Maßnahmen - durch die anfallenden Rüstzeiten der taktgebende Vorgang und der kritische Pfad der Struktur in diesen Vorgang hineinverschiebt. Ist dies gegeben, so darf diese Flexibilitätsart nur dann angewendet werden, wenn die Durchlauf- bzw. Taktzeit keine primäre Rolle spielt. Für den Fall, daß sich diese Indikatoren nicht verschieben und ein Einsatz von interner Flexibilität keine Verbesserung der Kosten ergibt, kann man bedenkenlos mit Rüstzeiten arbeiten.

4.4.3   Feinplanung von Rationalisierungsmaßnahmen

Sind die geeigneten Indikatormuster vorhanden, kann der Planer mit den Lösungs-
regeln und Vorschlägen von Kapitel 2 oder 3 alternative Rationalisierungsmaßnahmen entwickeln, diese strukturell mit MIA oder den Strukturlisten dieser Arbeit (siehe Anhang 1-13) parametrisieren und in die Ausgangsstruktur einbringen.
Um die Komponenten- und Systemauswahl, und hier insbesondere die Auswahl
flexibler Systeme, zu erleichtern, kann mit den Programmen MIA und WIM zunächst eine Vorauswahl auf Komponentenebene erfolgen.

Im Fall der Schaltknopfvormontage steht der Planer beispielsweise vor dem Problem, für die beiden Varianten des Schaltknopfs die geeigneten flexiblen Zuführ-
rungen und Bewegungskomponenten auszuwählen. Bild 4.25 bietet hierfür unterschiedliche, flexible Lösungsmöglichkeiten an.

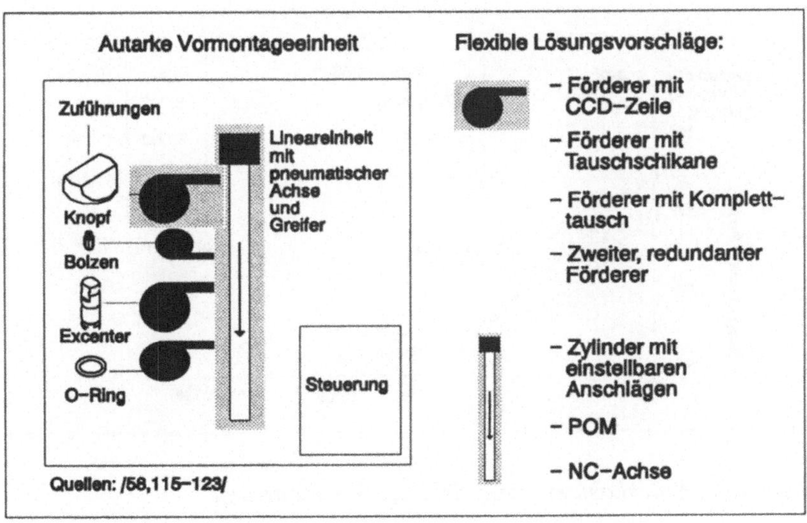

Bild 4.25: Automatisierungslösungen einer Vormontage

Die Lösungsvarianz reicht von intern flexiblen Ordnungs- und Bewegungskomponenten mit frei programmierbaren CCD-Zeilen, pneumatischen Achsen mit Zwischenanschlägen (POM) bis hin zu extern flexiblen Komponenten wie Förderern mit wechselbaren Ordnungsschikanen.

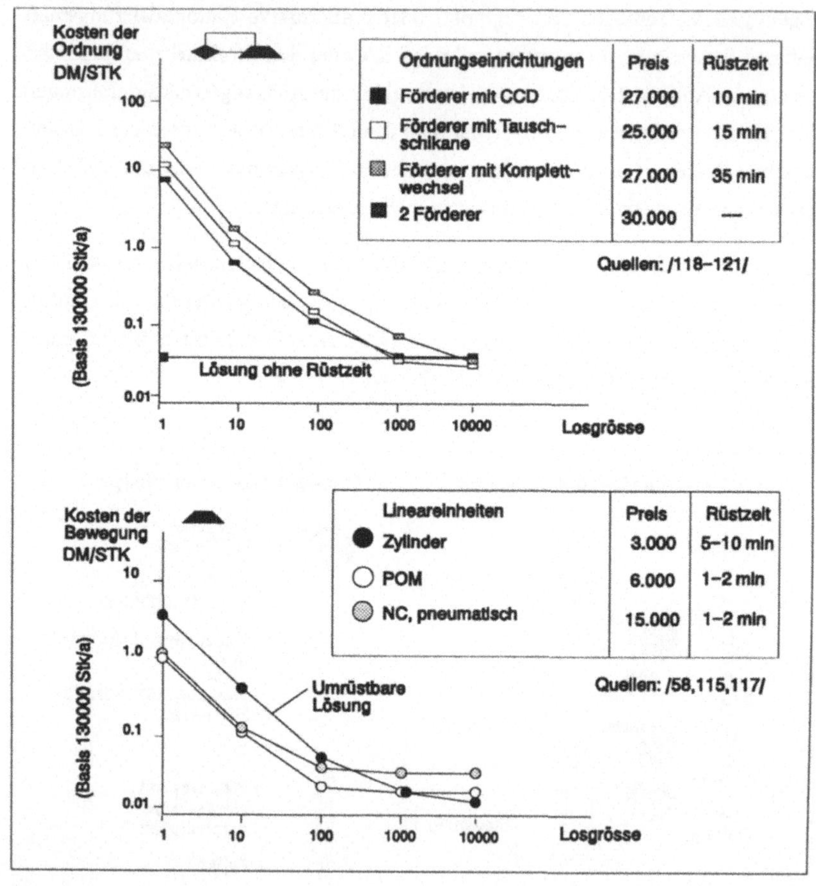

Bild 4.26: Stückkostenverlauf flexibler Komponenten

Die Komponenten von Bild 4.25 weisen in Bezug auf den Anschaffungspreis, die Rüstcharakteristik und das technische Verhalten Unterschiede auf, die für den Planer nur schwer vergleichbar sind. Eine bloße Betrachtung der Kaufpreise kann kaum eine Entscheidungshilfe darstellen, wie in Bild 4.26 dokumentiert wird. Um die kostengünstigste Lösung zu ermitteln, müssen Rüstzeiten, Losgrößen und damit die Rüsthäufigkeiten und die Rüstkosten in die Betrachtung miteinbezogen werden.

Für die Berechnung der, in Bild 4.26 vorliegenden, Kurvenverläufe wurden Angebote der Herstellerfirmen, Umfrageergebnisse und Messungen am Institut für Werkzeugmaschinen und Betriebswissenschaften zugrundegelegt. Das manuelle Rüsten ist mit einem Stundensatz von DM 33,-- verrechnet (vgl. Bild 4.13).

Die Ergebnisdarstellung der Wirtschaftlichkeitsanalyse mit MIA&WIM zeigt beispielsweise in Bild 4.26 für die Schaltknopfmontage sehr deutlich, daß die zweitteuerste Zuführung bei der geforderten Losgröße von 1000, aufgrund der fehlenden Rüstzeiten, die kostengünstigste Lösung bietet. Erst ab Losgrößen größer als 1000 Einheiten kosten extern bzw. intern flexible Lösungen im vorliegenden Fall weniger. An den Kostenverläufen der beiden Varianten - POM und NC-Achse - ist außerdem deutlich zu erkennen, daß durch die, bei beiden Lösungen notwendige, Programmumstellung von ca. 2 Minuten Rüstkosten anfallen, welche den fast dreimal höheren Anschaffungspreis der NC-Achse nahezu egalisieren.

Als Vorentscheidung kann aus Bild 4.26 für die Vormontage des Schaltknopfes eine Anlage mit zwei Zuführgeräten und entweder einer intern flexiblen pneumatischen Lösung (POM), oder aber einer umrüstbaren Zylindereinheit hervorgehen. Letztere bedingt allerdings Rüstzeiten von ca. 10 Minuten.

Die Entscheidung, welche der angeführten Lösungsmöglichkeiten die wirtschaftlich optimierte Montage darstellt, ist ohne einen weiteren Kostenvergleich in Komponenten und Zellenebene kaum zu treffen. Eine Aussage über den Einfluß einer Komponentenlösung auf die übergeordnete Gesamtmontageanlage kann erst eine Quantifizierung des Nutzens im Gesamtsystem ergeben.

4.4.4 Quantifizierung von Aufwand und Nutzen der Modifikation

Der Einfluß von Rüsthäufigkeiten und Rüstzeiten auf die Taktzeit und Durchlaufzeit von Montagesystemen kann mit Produktionssimulationsprogrammen wie MIA, PLATOSIM /111/ oder PRISMA /49/ problemlos ermittelt werden. Die Auswirkung einer Optimierungsmaßnahme auf die Produktionskosten einer Anlage ist jedoch nur durch eine ganzheitliche Betrachtung zu erkennen. Der Nutzen einer Rationalisierungsmaßnahme läßt sich durch ein mehrstufiges Vorgehen berechnen:

- Das Planungshilfsmittel MIA errechnet nach der Modifikation die zu erwartende Taktzeit der nach der Optimierung veränderten Anlage. Aus der neuen Taktzeit kann die maximale Stückzahl errechnet werden.

- Unter Verwendung des Investitionsrechnungsprogramms WIM werden alle Platzkosten der unveränderten Produktionsvorgänge unter Berücksichtigung einer eventuell neuen Stückzahl ermittelt und die zu erwartenden Prozeßkosten des geänderten Vorganges oder Systems erstmalig errechnet. Besonderes Augenmerk gilt der Berücksichtigung der Wiederverwendbarkeit.

- Die optimierten Herstellkosten werden unter Berücksichtigung der Kapitalbindung und den aktuellen Platzkosten mit MIA neu berechnet und können dann mit den bekannten Ist-Herstellkosten verglichen werden.

Am Beispiel der Getriebemontage bedeutet das: Die Auswirkung einer starren oder flexiblen Automatisierung der Vormontage des Schaltknopfes kann nur dadurch quantifiziert werden, daß eine angeschlossene Montagezelle in die Berechnung mit aufgenommen wird. Diese Montagezelle soll neben zwei anderen Baugruppen den Schaltknopf in einer Taktzeit von 17 s in das Getriebegehäuse montieren.

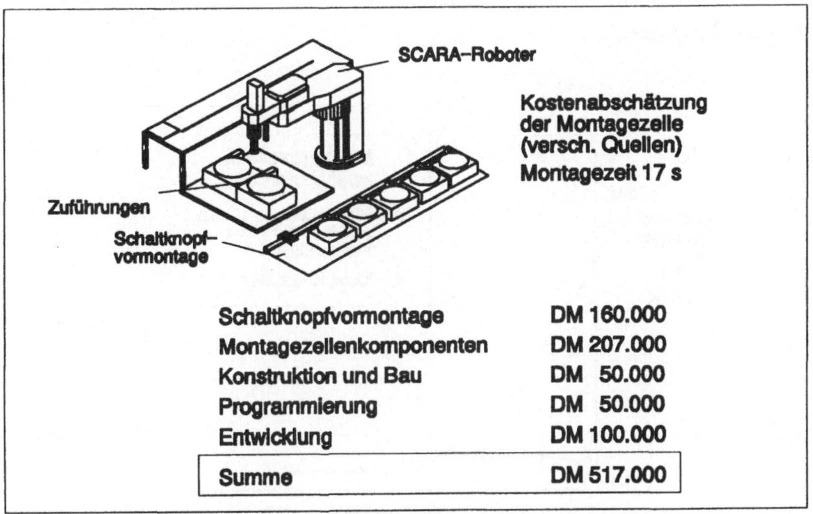

Bild 4.27: Montagezelle für Bohrgetriebe

Für die Montagezelle von Bild 4.27 liegen Angebotsdaten der nötigen Investitionen aus verschiedenen Quellen vor. Die Investitionskosten der Montagezelle können mit WIM berechnet und in die MIA-Gesamtstruktur des Montagesystems eingegeben werden. Die Einflüsse der geplanten Automatisierung können in MIA direkt an den veränderten Herstellkosten des Produktes abgelesen werden. Variationsrechnungen mit MIA sind in Bild 4.28 abgebildet. Aufgetragen ist eine intern flexible Lösung ohne Rüstzeit sowie eine extern flexible Alternative der Schaltknopfvormontage. Hierbei wurde die Rüsthäufigkeit durch unterschiedliche Losgrößen variiert

Eine Analyse der Kostenstrukturen dokumentiert in Bild 4.28, daß der Einsatz einer frei programmierbaren Einheit (POM) durch die Senkung der Rüstzeiten von 10 Minuten an der Vormontageeinheit eine durchschnittliche 4 prozentige Senkung der Taktzeit an der gekoppelten Roboterzelle hervorruft. Dies schafft zusätzliche Kapazität in der Montagezelle, beispielweise für eine Stückzahlerhöhung oder neue Montageaufgaben. Dadurch ergibt sich eine Kostensenkung pro montiertem Schaltknopf um 3 % aufgrund einer Umverteilung der Platzkosten auf mehrere Produkte.

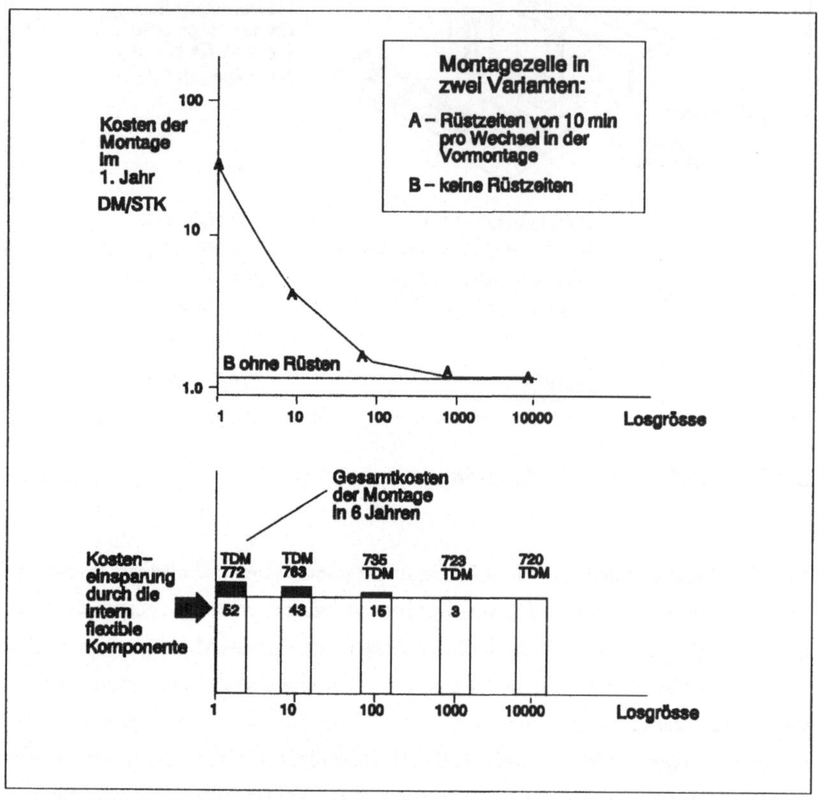

Bild 4.28: Ergebnisse einer Systembetrachtung

Die in Bild 4.28 ausgewiesenen Herstellkosten eines Getriebes, bzw. die Summe aller auf die gesamte Produktionszeit bezogenen Kosten, sind schlußendlich der für die Entscheidung - für oder wider eine Alternative und eine Investition - maß-gebliche Wert. In den errechneten Herstellkosten ist sowohl der Aufwand als auch der Nutzen der Produktionsänderung, beziehungsweise des Einsatzes flexibler Komponenten, berücksichtigt.

```
                        Entscheidende Kenndaten

 Baugruppen: 1                                   Ersatz-Rationalisierung

 Barwerte der Investition              neu              alt
 Investitionskosten       :        516.975 DM          0 DM
 Einmalkosten             :              0 DM          0 DM
 Betriebskosten           :        134.145 DM          0 DM
 Lohnkosten               :        111.788 DM    1.453.243 DM
 Mehrkosten               :              0 DM          0 DM
 Nicht ex.quant. Kosten   :              0 DM          0 DM
 Steuerkosten             :              0 DM          0 DM
 Gesamtbarwert            :        762.908 DM    1.453.243 DM
 Mit Bewertung der Wiederverwendbarkeit
 Gesamtbarwert            :        762.908 DM    1.453.243 DM
 Bewertungsmethode: linear
 Zeitpunkt an dem sich der hoehere Investitionskostenbarwert der neuen Anlage
 durch niedrigere laufende Kosten amortisiert hat :

              ┌─────────────────┐            rel. Barwertrueckfluss
       750    │Break-Even-Point │
              └─────────────────┘            bew. Investitionskostendifferenz

               1  2  3  4  5  6  7  8  9  10 Jahre
          Amortisationszeit : 2.2 Jahre
                     Weiter mit beliebiger Taste
```

Bild 4.29: Kostenvergleich zweier Montagealternativen

Die Differenz zwischen den alten und den errechneten zukünftigen Herstellkosten macht in Bild 4.29 deutlich, ob und wie schnell sich die geplante Veränderung lohnen wird. Liegen die zukünftigen Herstellkosten niedriger als die Ist-Herstellkosten, dann hat der aus kürzerer Taktzeit, Durchlaufzeit und Wiederverwendbarkeit resultierende Nutzen den Kostenaufwand überwogen.

5 Zusammenfassung

Die vorliegende Arbeit gliedert sich in drei Bereiche:

- Systematische Analyse von Montagestrukturen, unter Ableitung einer Beschreibungssystematik der auf die Montage einflußnehmenden Parameter.
- Definition von Flexibilität in Montagestrukturen, unter Erarbeitung und Anwendung eines Regelwerkes zur Lösungsfindung. Erstellung eines Beispielkatalogs für ausgewählte Strukturen in allen Ebenen der Montage.
- Erstellung von rechnerunterstützten Hilfsmitteln zur Abbildung, Planung und Quantifizierung der Lösungen für flexible Montagestrukturen.

5.1 Analyse und Abbildungssystematik

Die ebenweise Analyse von Montagesystemen hatte das Ziel, die Haupteinflußgrößen auf Montagesysteme herzuleiten. In Verlauf der Analyse war es notwendig, die in der VDI 2860 aufgeführten Grundprozesse zu modifizieren. Es gelang nachzuweisen, daß Montagevorgänge und Montagesysteme mit insgesamt fünf Grundprozessen (die Richtlinie spricht von sieben) eindeutig physikalisch beschrieben werden können.

Montagefunktionen, Montagekomponenten und Montagezellen konnten mit diesen Prozessen parametrisiert werden. Die Parametrisierung bezieht sich auf die zu montierenden Bauteile, welche Montageprozesse erfahren. Zusätzlich berücksichtigt sie auch die funktionellen Zusammenhänge innerhalb eines Montagesystems. Dies erlaubt es, die Haupteinflußgrößen zu bestimmen, die bei einer Änderung der Montageaufgabe auf eine Montagekomponente, eine Montagezelle oder eine Montageanlage wirken. Ein Katalog parametrisierter Montagefunktionen und

Montagekomponenten ist im Anhang enthalten. Dieser Katalog war die Voraussetzung für die weitere Flexibilitätsbetrachtung.

5.2   Flexibilität in Montagestrukturen

Die Modellbetrachtung flexibler Montagesysteme in den Ebenen

- Anlage oder Gesamtsystem,
- Zelle oder Einzelsystem,
- Komponente oder Funktionsträger,
- Funktion und Grundprozeß,

stützt sich auf die zuvor analysierten Strukturen und orientiert sich an insgesamt vier Beispielprodukten aus dem Kleingerätebereich. An diesem konkreten Produktspektrum wurde ein Regelwerk erarbeitet, das die Erkenntnisse flexibler Bearbeitungszentren auf den Bereich der Montage überträgt. Dieses Regelwerk zeigt in 6 Punkten, wie die Struktur flexibler Montagesysteme in allen Ebenen ausgelegt werden sollte. Zur Verifizierung dieser Annahmen wurden diese Regeln bei der Auslegung einer flexiblen Montageanlage, mit insgesamt vier Montagezellen und ihren Montagekomponenten, angewendet. Es entstand ein Baukastensystem flexibler Montagekomponenten und Zellen, das auf zwei Arten an immer wieder wechselnde Montageaufgaben angepaßt werden kann:

- Durch Austausch der an den Auftrag angepaßten Systemkomponenten (*externe Flexibilität*)
- durch Umprogrammierung (*interne Flexibilität*).

Parallel zur Entwicklung dieses Montagebaukastens konnten die Anpassungsmaßnahmen in der Ebene der Grundprozesse hergeleitet werden. Dies erlaubt es, in Zusammenspiel mit dem Komponentenkatalog des Anhangs, immer wieder neue, systematische Anpassungsmaßnahmen zu entwickeln.

5.3   Planung und Quantifizierung

Der Lösungskatalog von Kapitel 3 zeigt mit seinen 6 Anwendungsregeln eine Fülle von technischen Möglichkeiten für flexible Montagesysteme. Um die wirtschaftliche Nutzung derartiger Montagestrukturen unterstützen zu können, mußten weitere Regelwerke und rechnerunterstützte Hilfsmittel (WIM, MIA) entwikkelt werden.

Zunächst war ein Verfahren zu erstellen, das die parametrisierten Komponenten des Kataloges im Rechner abbildet. Diese Abbildung stützt sich auf die Betrachtung des Bauteiledurchlaufs in einer Montagestruktur und verwendet die, in Kapitel 2 beschriebene Prozeßsymbolik. Bei diesem Durchlauf sammeln alle Bauteile Kosten und Zeiten auf. Der spezielle Flexibilitätsgedanke konnte durch das Einsetzen von Totzeitgliedern in die entsprechende Struktur eingeführt werden. So ist es möglich, Rüstzeiten in einer Montagestruktur zu simulieren und deren Einfluß auf die Montagekosten zu quantifizieren. Der Nutzen von externer oder interner Flexibilität kann so berechnet und analysiert werden. Das Verfahren wurde in ein Rechenprogramm eingebunden (MIA).

Die Ermittlung der Prozeßkosten in flexiblen Montagesystemen, bzw. die Quantifizierung des Nutzens einer derartigen Montageform stellt ein weiteres Problem dar. Für diesem Problembereich gelang es, ein Verfahren der Investitionsrechnung an die spezielle Problematik anzupassen und in ein weiteres Rechenprogramm zu fassen (WIM). WIM ist in der Lage, die Prozeßkosten von Montagevorgängen und die Wiederverwendbarkeit von flexiblen Montagesystemen dynamisch zu berechnen. Beide Programme wurden miteinander gekoppelt.

Die Rechenprogrammen MIA und WIM erlauben es, die abgebildete Montagestruktur ganzheitlich zu analysieren. Indikatoren wie Kostensenkungspotentiale, Investitionspotentiale oder zeitbestimmene Punkte weisen den Planer auf Rationalisierungsmöglichkeiten hin. Eine besondere Rolle spielt hierbei das, in dieser Arbeit definierte Investitionspotential. Es zeigt die mögliche Investition in einem Prozeßschritt, in einer Komponente oder in einer Montagezelle.

Durch die ganzheitliche Systembetrachtung und Analyse ist es möglich, den Nutzen von Wiederverwendbarkeit, von Durchlaufzeitverkürzungen und von Qualitätsverbesserungen in Kosten zu fassen, ohne daß eine Nutzwertanalyse oder sonstige Bewertungen durchgeführt werden. Das Ergebnis liefert die veränderten Herstellkosten des Produktes. Die Auswahl von flexiblen Montagesystemen wird so erheblich erleichtert.

Darüberhinaus wurde ein Planungsvorgehen mit den Programmen WIM und MIA erstellt. Dadurch ist es möglich, die Planungszeiten zu senken, den Planer vor unsinnigen Tätigkeiten zu bewahren und ihn zielgerichtet darauf hinzuweisen

- wo in einer Montagestruktur Rationalisierungsansätze verborgen sind,
- welche Automatisierungsmaßnamen er ergreifen kann,
- und welchen Nutzen diese Maßnahme haben wird.

5.4   Schlußwort

Die Ergebnisse dieser Arbeit konnten im Zeitraum von 1987 - 1990 in Pilotanlagen am Institut für Werkzeugmaschinen und Betriebswissenschaften der TU-München sowie an drei industriellen Anlagen in mittelständischen Unternehmen umgesetzt werden. Diese Arbeit versucht mit den drei bearbeiteten Punkten

- Analyse von Montagesystemen,
- Sythese flexibler Montagestrukturen,
- Nutzenquantifizierung und Wirtschaftlichkeitsplanung

einen Beitrag zu leisten, um den Einsatz flexibler Montagesysteme zu fördern und existierende Hemmnise zu überwinden.

6 Literatur und Firmenverzeichnis

6.1 Literatur

/1/   *Milberg, J.:* Wettbewerbsvorteile durch Stärkung der Integration, Referate des Münchner Kolloquiums. Springer Verlag, Berlin Heidelberg, 1988.

/2/   *Diess, H.:* Rechnerunterstützte Entwicklung flexibel automatisierter Montageprozesse, iwb Forschungsberichte Nr. 11. Springer Verlag, Berlin Heidelberg, 1987.

/3/   *o.V.:* Informationsunterlagen der Fa. RAFI GmbH & CO, Ravensburgerstr. 128-143, 7981 Berg/Krs. Ravensburg, 1990.

/4/   *Lotter, B.:* Wirtschaftliche Montage - ein Handbuch für Elektrogerätebau und Feinwerktechnik. VDI-Verlag, Düsseldorf, 1986.

/5/   *Dinger, R.:* Flexibilität auf der ganzen Linie. Montage (1988) 3.

/6/   *Warnecke, H.J.; Schweizer, M.; Schweigert, U.:* Entwicklungsschwerpunkte bei der flexiblen Montageautomatisierung in der Feinwerktechnik. wt Werkstattstechnik 80 (1990) 8.

/7/   *Schlaich, G.:* Robotereinsatz bei der Montage von Kabelbäumen. Flexible Automation (1989) 1.

/8/   *Handke, G.; Müller, A.; Tempelmeier, T.:* Flexibel automatisierte Montage eines Airbag-Gasgenerators. ZWF/CIM 82 (1987) 9.

/9/   *Hesselbach, J.:* Roboter in flexiblen Montagesystemen. VDI-Z 131 (1989) 8.

/10/   *Von Burg, P.:* Konzept einer flexiblen Montagezelle. 7. Deutscher Montagekongreß. MIC (1987).

/11/   *Nolte, F.:* Flexible Peripherie. Montage (1989) 1.

/12/   *Kleinklaus, M.:* Flexibel beim Anwender. Werkstatt und Betrieb 122 (1989) 9.

/13/   *Warnecke, H.J.; Schraft, R.D.:* Handbuch Handhabungs-, Montage- und Industrierobotertechnik. MI Verlag, München Landsberg, 1985.

/14/   *Spur, G.; Auer B. H.; Sinning, H.:* Industrieroboter. Carl Hanser Verlag, München Wien, 1979.

/15/   *Weck, M.; Goedecke, G.:* Integriertes Fertigungs- und Montagesystem IFMS. VDI-Z 129 (1987) 8.

/16/   *Feldmann, K.:* Entwicklung und Einsatz rechnerintegrierter Produktionssysteme. ZWF/CIM 83 (1988) 6.

/17/   *Hesse, S.; Mansch, I.:* Auswahl flexibler Greifer. Robotersysteme (1989) 5.

/18/   *Lotter, B.:* Umrüstbare Montagezellen, eine Chance für die Flexibilisierung der Kleinteilemontage, Referate des Münchner Kolloquiums. Springer Verlag, Berlin Heidelberg, 1988.

/19/   *Bullinger, H.J.:* Systematische Montageplanung, Handbuch für die Praxis. Carl Hanser Verlag, München Wien, 1986.

/20/   *Fabricius, F.:* Universal assembly cells - making low volume assembly pay assembly automation. Proc. of the 8th Int. Conf. org. by IFS Conferences, Copenhagen, DK,1987.

/21/   *Feldmann, K.:* Wirtschaftliche Montagelösungen durch systematische Planung und Rechnereinsatz, 9. Deutscher Montagekongreß. MIC (1990).

/22/   *Lotter, B.:* Planung und Aufbau von flexiblen Montageanlagen am Beispiel der Feinwerktechnik, wt Werkstattstechnik 77 (1987) 12.

/23/   *Eversheim, W.; Hausmann, A.; Kalde, M.:* Flexibilität als Kriterium, VDI-Z 127 (1985) 9.

/24/   *Milberg, J.; Schmidt, M.:* Flexible Montage - Chance und Herausforderung. Montage (1989) 2.

/25/   *Wiendahl, H.P.:* Produkt- und Produktionsflexibilität. wt Werkstatttechnik 71 (1981) 5.

/26/   *Spingler, J.C.:* Auch für biegeschlaffe Teile. Industrie-Anzeiger 112 (1990) 28.

/27/   *Seliger, G.; Furgac, I.; Deutschlaender, A.:* Flexibles Montagesystem. ZWF/CIM 82 (1987) 3.

/28/   *Milberg, J.; Schmidt, M.:* Flexible Assembly Systems - Opportunity and Challenge for Economic Production. Annals of the CIRP Vol. 39/1/1990.

/29/   *Maier, C.:* Ein Beitrag zur flexiblen Automatisierung der Montage unter besonderer Berücksichtigung des Schraubens mit Industrierobotern, iwb Forschungsberichte Nr. 3. Springer Verlag, Berlin Heidelberg, 1985.

/30/   *Karstedt, K.:* Flexibler Einsatz eines Lasersensors, Sonderpublikation 'Die neue Fabrik'. MI Verlag, München Landsberg, 1988.

/31/   *Riese, K.:* Klipsmontage mit Industrierobotern, iwb Forschungsberichte Nr. 15. Springer Verlag, Berlin Heidelberg, 1988.

/32/   *Reinhart, G.:* Flexible Automatisierung der Konstruktion und Fertigung elektrischer Leitungssätze, iwb Forschungsberichte Nr. 12. Springer Verlag, Berlin Heidelberg, 1988.

/33/   *Eversheim, W.; Schoenheit, M.:* Kostenveränderungen flexibler Fertigung. VDI-Z 131 (1989) 7.

/34/   *Milberg, J.; Schmidt, M.:* Nutzung der Kostensenkungspotentiale in der Montage. VDI Berichte 767. VDI Verlag, Düsseldorf, 1989.

/35/   *Naber, H.:* Aufbau und Einsatz eines mobilen Roboters mit unabhängiger Lokomotions- und Manipulationskomponente, iwb Forschungsberichte. Springer Verlag, Berlin Heidelberg, 1991.

/36/   *Nolting, F.-W.:* Projektierung von Montagesystemen. Carl Hanser Verlag, München Wien, 1989.

/37/   *Foschiani, S.:* Strategieunterstützungssysteme für die Planung flexibler Montagesysteme, SFB 158. Kolloquiumsbericht 1988.

/38/   *Wildemann, H.:* Investitionsplanung und Wirtschaftlichkeitsrechnung für eine flexible Produktionstechnik. Referate des Münchner Kolloquiums. München, 1985.

/39/   *Schünemann, T.H., Lehenen, H.:* Berücksichtigung unterschiedlicher Flexibilitätsgrade bei der Investitionsplanung von Industrierobotern. ZWF/CIM 78 (1983) 11.

/40/   *Hausknecht, M.; Groth, U.:* Kostenrechnung mit Personal-Computern für Flexible Fertigungsanlagen. wt Werkstattstechnik 122 (1989) 10.

/41/   *Kalde, M.:* Methodik zur Festlegung der Flexibilität in der Montage. Springer Verlag, Berlin Heidelberg, 1987.

/42/   *Eversheim, W.; Haksoo, M.; Müller, W.:* Beurteilung flexibler Montagesysteme. VDI-Z 128 (1986) 14.

/43/   *Rall, K.; Bauer, C.U.:* Wirtschaftlichkeit von CIM berechnen. VDI-Z 132 (1990) 10.

/44/   *Bullinger, H.J.; Auch, M.:* Bewertung von zukunftsorientierten Fertigungssystemen - Operationalisierung schwer quantifizierbarer Kriterien am Beispiel der Autospiegelfertigung. wt Werkstattstechnik 78 (1988) 11.

/45/   *Fekecs, B.:* Ein Ansatz zur quantitativen Bewertung von Flexibilität von Fertigungssystemen. wt Werkstattstechnik 79 (1989).

/46/   *Tönshoff, H. K.; Barfels, L.; Lange, V.; Pauli, B.:* Wissensbasierte Planung von Fertigungsanlagen. ZWF/CIM 84 (1989) 11.

/47/   *Eversheim, W.; Konz, H.J.; Kosmas, I.:* Montagestrukturen flexibel gestalten. VDI-Z 129 (1987) 12.

/48/   *Siemens, K.J.:* Berechnen der Wirtschaftlichkeit der Flexiblen Automatisierung. Werkstatt und Betrieb 123 (1990) 1.

/49/   *Warnecke, H.J.; Schöninger, J.:* Prisma - ein Methodenbanksystem zur taktzeitoptimierten Planung flexibler Montagesysteme. HGF 86, 88/21, Industrie-Anzeiger 19 (1988).

/50/   *Warnecke, H.J.; Schweizer, M.; Schöninger, J.:* Taktzeitelemente einer flexiblen Montagestation. VDI-Z 130 (1988) 4.

/51/   *Schaefer, F.-W.:* System zur Planung und Nutzung der Flexibilität in der Fertigung. Springer Verlag, Berlin Heidelberg, 1989.

/52/   *Dieter, R.:* Es geht doch! Wirtschaftlichkeitsnachweis für eine Investition in CIM. Industrie-Anzeiger 100 (1989).

/53/   *Eversheim, W.; Wiegershaus, U.; Schönheit, M.:* Wirtschaftlichkeit bei flexibler Fertigung. Industrie Anzeiger 100 (1989).

/54/   *Ramsli, E.; Neerland, H.:* Economic modelling of flexible assembly systems. Conference: Assembly Automation. Proc. of the 7th Int. Conf. org. by IFS, Zürich, CH, (1986).

/55/   *Hesse, S.:* Taschenlexikon Robotertechnik, 2. Auflage. Bibliographisches Institut, Leipzig, 1989.

/56/   *Groover, M.P.; Weiss, M.; Nagel, R.N.; Odrey, N.G.:* Industrial Robotics, Technology, programming and Applications. International Edition, McGraw-Hill Book Co., Singapore, 1986.

/57/   *Schmidt, M.:* Industrieroboter-Anwenderzentrum orientiert die Planung an der Praxis. Siemens Energie und Automation 9 (1987) 4.

/58/   *N.N.:* Produktkatalog, Festo KG, Ruiterstr. 82, 7100 Esslingen, 1989.

/59/   *Milberg, J.; Eder, T.; Glas, J.:* Offenes und modulares CAM System. Schweizer Maschinenmarkt 90 (1990) 42.

/60/   *Mende, D.; Simon, G.:* Physik - Gleichungen und Tabellen. VEB Fachbuchverlag, Leipzig, 1981.

/61/   *Burger, R.; Schmidt, M.:* Anwenderzentrum für Industrieroboter. Siemens Energie und Automation 7 (1985) 6.

/62/   *Fischer, G.; Frankenhauser, B.; Weisener, T; Domm, M.:* Aufbau und Betrieb flexibler automatischer Montagesysteme, SFB 158. Kolloquium 1988.

/63/   *Ehrlenspiel, K.:* Kostengünstig Konstruieren. Springer Verlag, Berlin Heidelberg, 1985.

/64/   *Andreasen, M.; Ahm, T.:* Flexible Assembly Systems. IFS Publikations, UK, Springer Verlag, Berlin Heidelberg, 1988.

/65/   *Gerlach, H.H.; Rickert, M.; Rosenbaum, M.:* Wirtschaftlichkeitsbetrachtung flexibler Fertigungsstrukturen in der Praxis. VDI-Z 131 (1989) 3.

/66/   *N.N.:* VDI Richtlinie 2860 - Handhabungsfunktionen, Handhabungseinrichtungen, Begriffe, Definitionen, Symbole. VDI-Verlag, Düsseldorf, 1982.

/67/   *Lotter, B.:* Arbeitsbuch der Montagetechnik. Verlag Krausskopf - Ingenieur Digest GmbH, Mainz, 1982.

/68/   *N.N.:* DIN 8580 Fertigungsverfahren, Begriffe, Einteilung. Beuth Verlag, 1985.

/69/   *Krause, W.:* Konstruktionselemente der Feinmechanik. VEB Verlag Technik, Berlin, 1985.

/70/   *Ehrlenspiel, K.:* Checklisten zu methodischen Konstruieren. Institut für Konstruktion im Maschinenbau, TU-München.

/71/   *Ammer, E. D.:* Rechnerunterstützte Planung von Montageablaufstrukturen für Erzeugnisse der Serienfertigung. Springer Verlag, Berlin Heidelberg, 1985.

/72/   *N.N.:* REFA-Methodenlehre der Planung und Steuerung, Teil 1. Carl Hanser Verlag, München Wien, 1985.

/73/   *Ziersch, W.-D.:* Strategieen zur Leistungssteigerung von automatischen Montageanlagen durch zuverlässige Zuführsysteme. VDI-Z 127 (1985) 20.

/74/   *Eversheim, W.; Kettner, P. Merz, K.P.:* Ein Baukastensystem für die Montage konzipieren. Industrie-Anzeiger 92 (1983) 103.

/75/   *Bürgel, W.:* Produktionsautomatisierung auch bei kleinen Losgrößen. Referate des Münchner Kolloquiums. Springer Verlag, Berlin Heidelberg 1988.

/76/   *Hake, F.O.:* Robotergestützte Montagezelle für Elektromotoren. VDI-Z 130 (1988) 8.

/77/   *Börneke, G.:* Flexibilisieren heißt Automatisieren. VDI-Z 127 (1985) 17.

/78/   *Zachau, H., Weise, M.:* Stand und Entwicklungstendenzen in der flexiblen Montage. Vortragsband IKM 90 Teil 1. Forschungszentrum des Werkzeugmaschinenbaus, Karl-Marx-Stadt, 1990.

/79/   *Fischer, J.; Gentzen, G; Hähle, F; Müglitz, J; Volmer, J.:* Modulare Baueinheiten für die flexible Montageautomatisierung. ZWF/CIM 84 (1989) 4.

/80/   *Milberg, J.; Schmidt, M.:* Kalkulieren in der Konzeptphase. Montage (1988) 2.

/81/   *Heinhold, M.:* Arbeitsbuch zur Investitionsrechnung. Oldenburg Verlag, München Wien, 1980.

/82/ **Konold, P.; Weller, B.:** Flexible Montagesysteme - Konzeption und Feinplanung durch Kombination von Elementen. Springer Verlag, Berlin Heidelberg, 1985.

/83/ **Spur, G.; Mertins, K.; Hetmanczyk, A.; Fischer, D.:** Planung und Steuerung von Fertigungszellen für die Montage von elektronischen Baugruppen. ZWF/CIM 84 (1989) 4.

/84/ **Groha, A.; Schönecker, W.:** Universelles Zellenrechnerkonzept zur Nutzungsverbesserung flexibler Fertigungssysteme. wt Werkstattstechnik 78 (1988).

/85/ **Warnecke, H.-J., Weiss, K.:** Katalog Zubringeeinrichtungen. Krausskopf Verlag, Mainz, 1978.

/86/ **Müller, E.:** Flexibel durch den Baukasten. Montage (1989) 1.

/87/ **Weule, H.; Enderle, W.:** Selbsttätige Fehlerbehebung in flexibel automatisierten Montageanlagen. ZWF/CIM 83 (1988) 11.

/88/ **Roth, G.:** Eine flexible, automatisierte Montagezelle zur Wellenkomplettierung, Stand der Forschung. Industrie-Anzeiger 68 (1988) .

/89/ **Severin, F.:** Planung der Flexibilität von roboterintegrierten Bearbeitungs- und Montagezellen. Carl Hanser Verlag, München Wien, 1987.

/90/ **W. Gellert und weitere:** Kleine Enzyklopädie Mathematik, 2. völlig überarbeitete Auflage. Verlag Harri Deutsch, Thun und Frankfurt/Main, 1977.

/91/ **Graf, B.; Schanz, R.:** Flexible Ordnungs- und Magaziniereinrichtungen. Sonderpublikation 25 Jahre IPA.

/92/ **Hesse, S.:** Industrieroboterperipherie. VEB Verlag Technik, Berlin 1989.

/93/ **Auer, B. H.:** Beitrag zur Steigerung der Flexibilität von Handhabungseinrichtungen im Bereich der Einzel- und Kleinserienfertigung und Montage. Dissertation an der TU-Berlin, 1977.

/94/ **Zachau, H.; Buschbeck, H., Helm, W.:** Einsatz von Industrierobotern. VEB Verlag Technik, Berlin, 1986.

/95/ **Andreasen, M.; Kähler, S.; Lund, T.:** Montagegerechtes Konstruieren. Springer-Verlag, Berlin, Heidelberg, 1985.

/96/   *Andresen, U.:* Ein Beitrag zum methodischen Konstruieren bei der montagegerechten Gestaltung von Teilen der Großserienfertigung. Diss. TU Braunschweig, 1975.

/97/   *Bäßler, R.:* Phasenweise Konstruieren. Montage (1989) 1.

/98/   *Gairola, A.:* Montagegerechtes Konstruieren - Ein Beitrag zur Konstruktionsmethodik. Diss. TH. Darmstadt, 1981.

/99/   *Witte, K.W.:* Harmonie zwischen Produkt und Produktion. Montage (1990) 1.

/100/   *Boothroyd, G., Dewhust, P.:* Design for Robot Assembly. University of Rhode Island, 1985.

/101/   *o.V.:* Automatisierung- und robotergerechte Produktgestaltung. Schulungsunterlagen der Fa. Siemens, 1985.

/102/   *Heinen, E.:* Industriebetriebslehre. Verlag Dr. Th. Gabler GmbH, Wiesbaden, 1985.

/103/   *Barthelmeß, P.:* Montagegerechtes Konstruieren durch Integration von Produkt- und Montageprozeßgestaltung, iwb Forschungsberichte Nr. 9. Springer Verlag, Berlin Heidelberg, 1987.

/104/   *Milberg, J.; Schmidt, M.:* Entwicklung und Einsatz von Montagezellen. Fertigungstechnik und Betrieb 7 (1990).

/105/   *Wildemann, H.:* Flexible Automatisierung in der Fabrik der Zukunft. Tagungsband Flexibilität und Wirtschaftlichkeit neuer Technologieen. Gfmt. - Gesellschaft für Management und Techologie-Verlags KG, München, 1987.

/106/   *Elbracht, D.:* Anthropomatik, eine technisch - wirtschaftliche Strategie zur kapitalsparenden Automatisierung. Tagungsband Flexibilität und Wirtschaftlichkeit neuer Technologieen. Gfmt. - Gesellschaft für Management und Techologie-Verlags KG, München, 1987.

/107/   *Milberg, J.; Diess, H.; Schugmann, R.:* Simulation von Montageprozessen - Hilfsmittel der Montageplanungen. ZWF Sonderheft 1988.

/108/   *o.V.:* Wirtschaftlichkeit in Montageplanungen. Handbuch zum Programm WIM. iwb, Technische Universität München, 1990.

/109/   *o.V.:* Montage-IST-Analyse. Handbuch für das Programm MIA. iwb, Technische Universität München, 1990.

/110/   *Milberg, J.; Pfrang, W.:* MTM am Bildschirm. Montage 2 (1989).

/111/   *Milberg, J.; Hartberger, H.:* PLATO-SIM - Wissensbasierte Simulation in der Anlagenplanung, VDI-Z 132 (1990) 5.

/112/   *Milberg, J.; Diess, H.; Tauber, A.:* Der Montage eine Chance: Robotereinsatz und Rechnerunterstützung für flexibel automatisierte Montage. Flexible Automation 3 (1988).

6.2   Firmenverzeichnis

/113/   *N.N.:* Informationsunterlagen der Fa. Heinrich Götz und Sohn GmbH, Postfach 60, Aglasterhausen, 1990.

/114/   *N.N.:* Informationsunterlagen der Fa. RoTHO Metall und Elektrowerke, Hellerstr. 6, 5908 Neunkirchen/Siegerland, 1990.

/115/   *N.N.:*Informations- und Angebotsdaten der Fa. Robert Bosch GmbH, Geschäftsbereich Industrieausrüstung, Maschinenbau und Montagetechnik, 7000 Stuttgart 1, Postfach 300268, Robert Bosch GmbH, 1990

/116/   *N.N.:* Informationsunterlagen der Fa. Wagner GmbH, Postfach 44, 7012 Fellbach-Oeffingen, 1990.

/117/   *N.N.:* Informationsunterlagen der Fa. GAS Gesellschaft für Antriebs- und Steuerungstechnik mbH & Co. KG, Leopoldstr.1, 7742 St. Georgen/Schwarzwald, 1990.

/118/   *N.N.:* Informationsunterlagen der Fa. MRW-DIGIT Electronicgeräte GmbH, Lorcherstr. 38, 7070 Schwäbisch Gmünd, 1990.

/119/   *N.N.:* Informationsunterlagen der Fa. STIWA Fertigungstechnik GmbH, Steinhüblstr. 4, P.O.B. 91, A-4800 Attnang-P, 1990.

/120/   *o.V.:* Angebotsunterlagen Nr. 8848.1.13 der Fa. RNA Rhein Nadel Automation GmbH, Reichsweg 19-42, 5100 Aachen, 1988.

/121/   *o.V.:* Angebotsunterlagen Nr. FA 89/8595-6 der Fa. FIMOTEC Anton Fischer Montagetechnik, Friedhofstr. 13, 7209 Denkingen, 1989.

/122/   *N.N.:* Informationsunterlagen der Fa. Schunk, Spanntechnik GmbH, Bahnhofstr. 110, 7128 Lauffen/Neckar, 1989.

/123/   *N.N.:* Informationsunterlagen der Fa. Hauser Elektronik GmbH, Altes Feld 8, 2000 Hamburg, 1990.

/124/   *o.V.:* Informationsunterlagen der IBM-Deutschland GmbH, Beratungszentrum Fertigungssysteme, Herrenbergerstr. 120, 7030 Böblingen, 1989.

/125/   *o.V.:* Informationsunterlagen der Fa. Stäubli-Unimation GmbH, Bernerstr. 43, 6000 Frankfurt-Niedereschbach, 1990.

Katalog

Beschreibung von Montagesystemen

mit elementaren Montageprozessen

Speichern

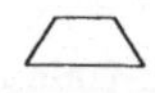

Bewegen

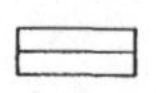

Verbinden

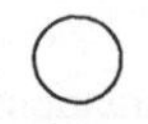

Verändern

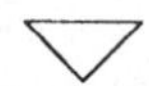

Vergleichen

Bild 1	**- Einzelfunktionen in der Montage**
Bild 2	**- Zusammengesetzte Funktionen**
Bild 3	**- Prozessträger in der Montage**
Bild 4-7	**- Einzelne Montagekomponenten**
Bild 8-12	**- Zusammengesetzte Montagekomponenten**

Montagefunktion	Montageprozess	Spezifikation
Bunkern	Speichern $\langle 0\text{-}1 \rangle$	- Position/Orientierung unbekannt (Grad 0-1) in gewissen Grenzen, - Ursprung frei in Raum oder Ebene, Orientierung max. in einer Achse bekannt
Magazinieren Positionieren	Speichern $\langle 2\text{-}3 \rangle$	- Position/Orientierung bekannt (Grad2-3) - Ursprung auf Geraden oder Punkt, Rotationsachsen 2 oder 3 festgelegt
Bewegen Transportieren Befüllen	Bewegen 0-1	- Position/Orientierung bleibt bei der Bewegung unbekannt
Zuführen Führen	Bewegen 2-3	- Position/Orientierung - bei der Bewegung bekannt, der Bekanntheitsgrad ändert sich nicht
Fügen, Pressen Nieten, Kleben Schweissen	Verbinden A/B	- Verbinden zweier Körper A und B - Position bekannt u. Orientierung zumindest in Grad 2 definiert
Fräsen, Stanzen Deformieren Härten, Wandeln	Verändern S	- Volumenveränderung - Formveränderung - Stoff- bzw. Energieveränderung
Abfragen Messen Prüfen	Vergleichen b-bl a-d	- Abfrageart 'b' - berührend 'bl'- berührungslos - Vergleichsfunktion 'a'- analog 'd'- digital

Bild 1 : Einzelfunktionen in der Montage

Zusammengesetzte Montagefunktion	Montageprozesskette	Spezifikation
Ordnen Sortieren	Speichern-Bewegen-Speichern 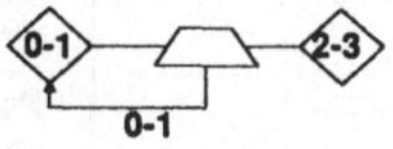	- Orientierung - Position unbekannt (Grad 0-1), Bauteil wird durch Bewegung in Grad 2-3 überführt - Rückführung unbekannter Körper in den Bunkerbereich
Vereinzeln	Speichern-Bewegen-Speichern 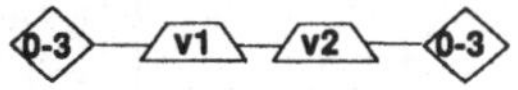	- Führen, Ordnen, Bewegen zweier o. mehrerer Körper mit unterschiedlichen Parametern der Bewegung, z.B. der Geschwindigkeit v
Sichern Spannen Greifen	Verbinden-(Verändern)-Trennen 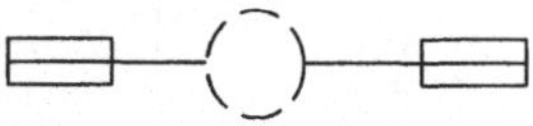	- Temporäres Verbinden von Bauteil und Montagesystem - Veränderungsprozesse wie z.B. Aufweiten oder Deformieren sind möglich
Handhaben	Verbinden-(Verändern)-Bewegen-Trennen 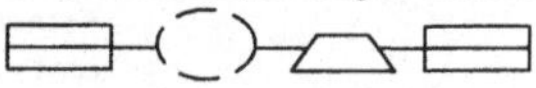	- Sichern und Bewegen von Bauteilen und Systemen
Handhaben und Fügen, Nieten, Greifen, Kleben, Schweissen, etc.	Teil1: Verbinden-(Verändern)-Bewegen-Trennen-Verbinden 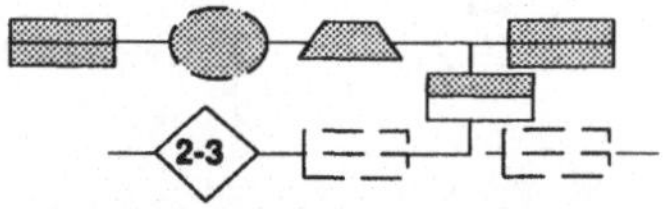 Teil2: (Verbinden)-Speichern-Verbinden (Trennen)	- Verbindung zweier Körper o. Systeme - Körper 1 gehandhabt, Körper 2 in Speicher oder Sicherungseinrichtung - Sicherungseinrichtung in Klammern
Kontrollieren von Füllstand, Anwesenheit, Lage, etc. Kontrollieren von Bewegungen, Lage, Mengen etc.	Speichern-Vergleichen-Speichern 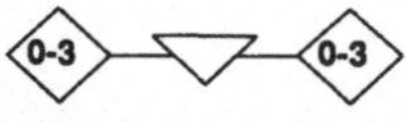 Bewegen-Vergleichen-Bewegen 	- Vergleichsfunktion wird oft kombiniert mit anderen Funktionen eingesetzt - Beispiel: Abfrage eines Speicherplatzes oder der Bewegung v. Aktoren

Bild 2: Zusammengesetzte Funktionen in der Montage

Prozessträger (Maschinenelement)	Physikalisches Wirkprinzip	Bezeichnung
Speicherelemente ◇	mechanisch	Lager, Führung, Gerüst, Tragwerk, Gehäuse, Alu-Profil, Rohr, Kessel, Schlauch.
	pneumatisch/fluidisch	Düse, Luftlager.
	elektrisch	Magn. Lager, Kondensator, PROM, EPROM, Diskette, Magnetband, Akku.
Bewegungselemente ⏢	mechanisch	Kolben, Stössel, Schieber, Gelenk, Hebel, Kurbel, Kurve, Schlauch, Verteiler, Rad, Rolle, Getriebe, Bandgurt, Kette, Zahnriemen.
	pneumatisch/fluidisch	Zylinder (linear, rotatorisch), Druckluftmotor, Düse.
	elektrisch	Motor (Servo, Schrittmotor), Magnet, Piezoelement, Leitung, Verteiler.
Verbindungselemente ▭	mechanisch	Schrauben, Bolzen, Stift, Sicherungsringe, Presssitz, Passfedern, Leitungsverbinder, Anschlüsse, Kupplungen.
	pneumatisch/fluidisch	Zylinder, Sauger.
	elektrisch	Magnet, Stecker, Kontakte, Leitung, Prozessor, Schaltwerk.
Veränderungselemente ○	mechanisch	Hebel, Keil, Getriebe, Drossel,
	pneumatisch/fluidisch	Venturidüse, Überdruckdüse, .
	elektrisch	Widerstand, Trafo, Elektrode.
	pneumatisch-mechanisch	Ventil, Zylinder.
	elektrisch-mechanisch	Relais, Spule mit Anker.
	mechanisch-fluidisch	Dämpfer, Luftfeder.
	mechanisch-elektrisch	Schalter, Taste.
Vergleichselemente ▽	mechanisch	Anschlag, Stift, Hebel.
	pneumatisch/fluidisch	Luftschranke, Düse.
	elektrisch	Näherungsschalter, Lichtschranke, Tauchspule, Piezoaufnehmer, DMS, Hallsensor, Beschl.-Aufnehmer, Prozessor, Schaltwerk.

Bild 3: Prozessträger in der Montage

Einzelne Speicherkomponenten für Stoff	Funktion	Montageprozess
Bunker Schüttgutbehälter	Bunkern ungeordnet (Grad 0-1)	Speichern
Flachpalette Magazin	Magazinieren geordnet (Grad 2-3)	Parameter - Geometrie - Oberfläche - Toleranzen - Werkstoff - Masse - Zahl - Forderungen (Position, Lage, sonst.)
Schlauch-, Schachtmagazin	Magazinieren geordnet (Grad 2-3)	
Positionierung	Magazinieren geordnet (Grad 2-3)	

Bild 4: Einzelne Montagekomponenten (Speichern)

Einzelne Bewegungskomponenten - Stoff	Funktion	Montageprozess
Schiefe Ebene **Kanal, Rutsche** **Linear-, Wendelförderer**  **Band** **Kette, Rollenbahn**  **Schieber** **Schöpfsegment** **Flügelrad** 	**Bewegen** **ungeordnet** **(Grad 0-1)**	**Bewegen** **Parameter** - Geometrie - Masse - Zahl - Werkstoff - Toleranzen - Oberfläche - Positionen - Orientierungen - Zeit - Bahn - Geschwindigkeit - Beschleunigung - Forderungen (Deformations- gefahr, sonst.)
Schiefe Ebene mit Führungen **Band, Kette, Rollenbahn** **Schlauch** **Linearförderer** **Wendelförderer** 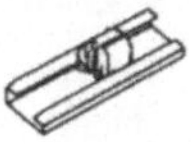 **Vorschub, Schieber** **Flügelrad**  **Rundtisch** **Kurbel-, Kurven-,** **Klinken-, Malteserantrieb** 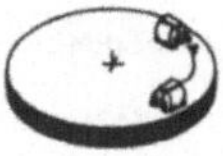	**Führen** **geordnet** **(Grad 2-3)**	

Einzelne Bewegungskomponenten - Energie	Funktion	Montageprozess
Druckluftleitungsnetz **Elektr. Leitungsnetz**	**Bewegen** **ungeordnet** **(Grad 0)**	**Bewegen** **Parameter** - Energieart - Formatierung - Zahl - Zeit - Geschwindigkeit - Strecke - Forderungen
Einzelne Bewegungskomponenten - Signal	**Funktion**	
Datenleitung seriell-parallel, **Netzwerk, Bussystem, Lichtleiter-,** **system, Multiplexer**	**Führen** **geordnet** **(Grad 3)**	

Bild 5: Einzelne Montagekomponenten (Bewegen)

Einzelne Verbindungskomponenten - Stoff	Funktion	Montageprozess
Presse, Zylinder  Einfacher pneum. Schrauber Bolzenschu'gerät Nietgerät Bördelanlage Kleberpipette Einfacher Lötkolben	Verbinden zweier Bauteile	Verbinden Parameter - Geometrie - Masse, Zahl - Werkstoff - Toleranzen - Oberfläche - Positionen - Orientierungen - Zeit, Bahn, Kraft - Geschwindigkeit - Beschleunigung - Hilfsstoffe - Formatierung - Energieart
Einzelne Verbindungskomp. - Energie	**Funktion**	
Interface, Schaltkasten	Verbinden von Energie	
Einzelne Verbindungskomp. - Signal	**Funktion**	
Zähler, Microprocessor	Verbinden von Signalen	

Einzelne Veränderungskomp. - Stoff	Funktion	Montageprozess
Presse, Zylinder Themische Verformungs-anlagen (Gebläse, Lötkolben, etc.) Einfache pneum. Frässpindel, Bürstkopf, Bohrmaschine, Säge	Verändern von Volumen, Stoff, Form	Verändern Parameter - Geometrie - Masse, Zahl - Werkstoff - Toleranzen - Oberfläche - Positionen - Orientierungen - Zeit, Bahn, Kraft - Geschwindigkeit - Beschleunigung - Hilfsstoffe - Formatierung - Energieart
Einzelne Veränderungskomp. - Energie	**Funktion**	
Pneumatische Entwässerungs-, Ölungs-, und Druckreduziereinheiten, Ventile, Integrationsmodule, Stromversorgung, Gleichrichter	Verändern von Energie	
Einzelne Veränderungskomp. - Signal	**Funktion**	
Zähler, Microprocessor, A/D Wandler, I/O Module, Verstärker	Verändern von Signalen	

Bild 6: Einzelne Montagekomponenten (Verbinden,Verändern)

Einzelne Vergleichskomponenten - Stoff	Funktion	Montageproze´
Einfache Sensoren **Kraft-Momenten-Sensor** **Laserabstandssensor** **Durchfluss** **Staudrucksystem** **Härteprüfgerät** 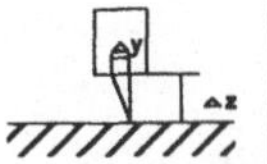	**Abfragen,** **Messen,** **Prüfen** **von Stoff**	Vergleichen Parameter - Geometrie - Masse, Zahl - Werkstoff - Toleranzen - Oberfläche - Positionen - Orientierungen - Zeit, Bahn, Kraft - Geschwindigkeit - Beschleunigung - Hilfsstoffe - Formatierung - Energieart
Einzelne Vergleichskomp. - Energie	**Funktion**	
Elektr. Messgerät (U,I) **Durchgangsprüfer** **Oszilloskop** **Thermostat, Thermofolienanzeiger** **Manometer** 	**Abfragen** **von Energie**	
Einzelne Vergleichskomp. - Signal	**Funktion**	
Zähler, Microprocessor	**Abfragen** **von Signalen**	

Bild 7: Einzelne Montagekomponenten (Vergleichen)

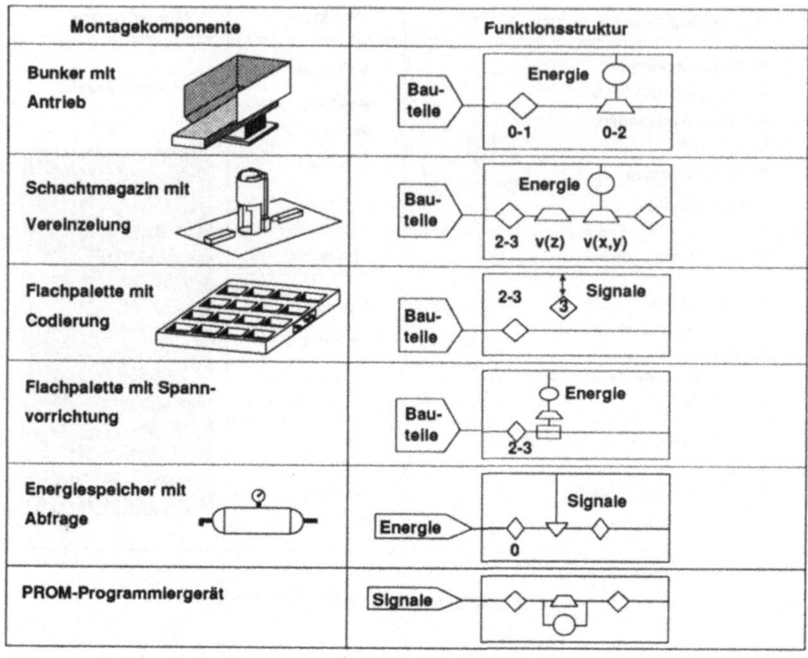

Bild 8: Zusammengesetzte Montagekomponenten

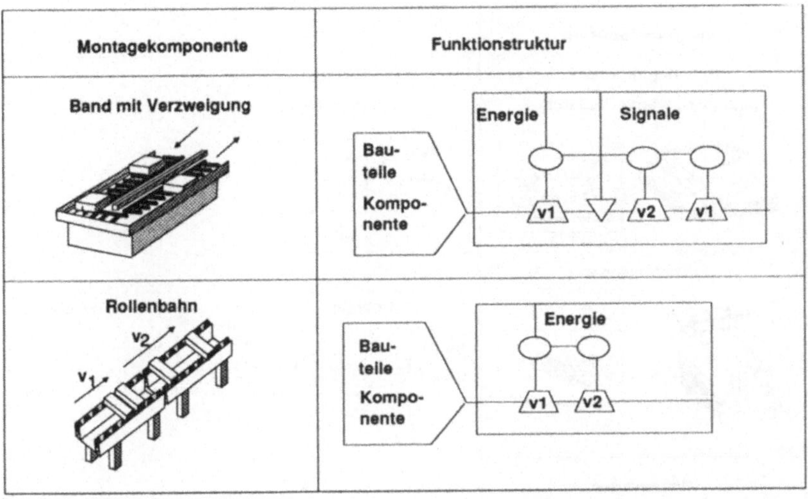

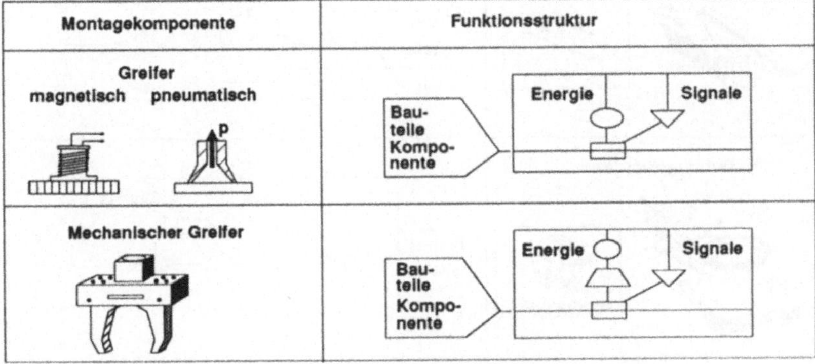

Bild 9: Zusammengesetzte Montagekomponenten

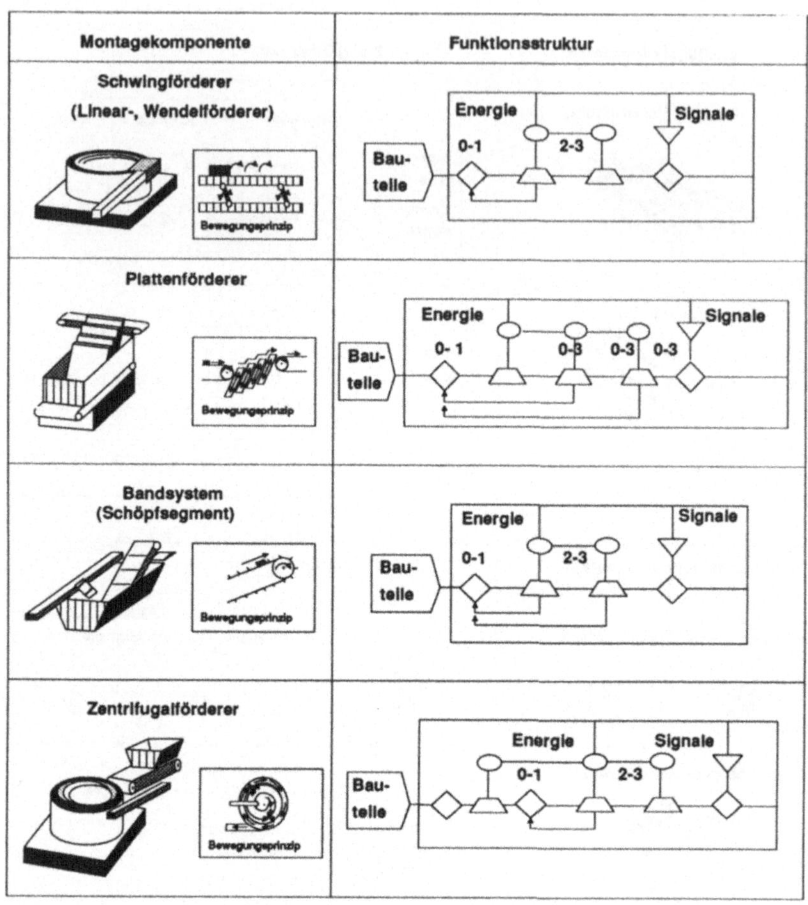

Bild 10: Zusammengesetzte Montagekomponenten

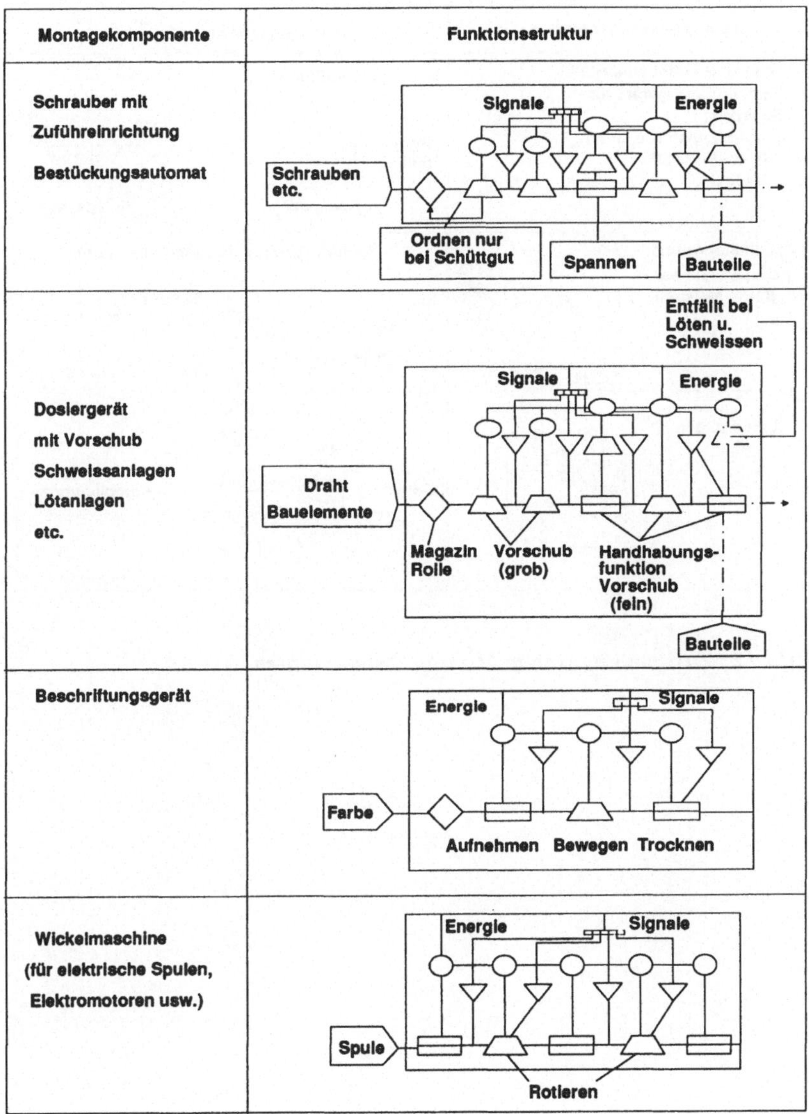

Bild 11: Zusammengesetzte Montagekomponenten

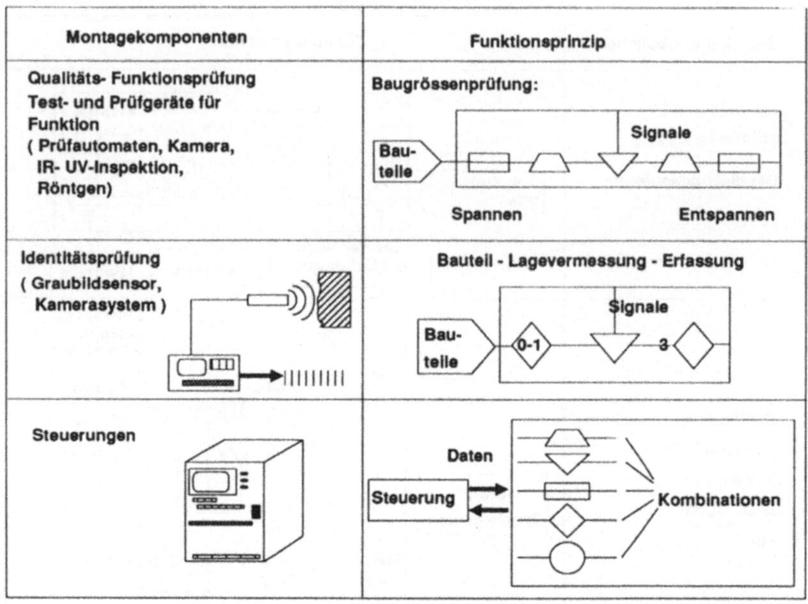

Bild 12: Zusammengesetzte Montagekomponenten

iwb Forschungsberichte

Berichte aus dem Institut für Werkzeugmaschinen und Betriebswissenschaften
der Technischen Universität München

Herausgeber: Prof. Dr.-Ing. J. Milberg

1 Streifinger, E.
Beitrag zur Sicherung der Zuverlässigkeit und Verfügbarkeit
moderner Fertigungsmittel
1986. 72 Abb. 167 Seiten, ISBN 3-540-16391-3   68,- DM

2 Fuchsberger, A.
Untersuchung der spanenden Bearbeitung von Knochen
1986. 90 Abb. 175 Seiten, ISBN 3-540-16392-1   68,- DM

3 Maier, C.
Montageautomatisierung am Beispiel des Schraubens mit
Industrierobotern
1986. 77 Abb. 144 Seiten, ISBN 3-540-16393-X   68,- DM

4 Summer, H.
Modell zur Berechnung verzweigter Antriebsstrukturen
1986. 74 Abb. 197 Seiten, ISBN 3-540-16394-8   68,- DM

5 Simon, W.
Elektrische Vorschubantriebe an NC-Systemen
1986. 141 Abb. 198 Seiten, ISBN 3-540-16693-9   68,- DM

6 Büchs, S.
Analytische Untersuchungen zur Technologie der Kugelbearbeitung
1986. 74 Abb. 173 Seiten, ISBN 3-540-16694-7   68,- DM

7 Hunzinger, I.
Schneiderodierte Oberflächen
1986. 79 Abb. 162 Seiten, ISBN 3-540-16695-5   68,- DM

8 Pilland, U.
Echtzeit-Kollisionsschutz an NC-Drehmaschinen
1986. 54 Abb. 127 Seiten, ISBN 3-540-17274-2   68,- DM

9 Barthelmeß, P.
Montagegerechtes Konstruieren durch die Integration
von Produkt- und Montageprozeßgestaltung
1987. 70 Abb. 144 Seiten, ISBN 3-540-18120-2   68,- DM

10 Reithofer, N.
Nutzungssicherung von flexibel automatisierten Produktionsanlagen
1987. 84 Abb. 176 Seiten, ISBN 3-540-18440-6   68,- DM

11 Diess, H.
Rechnerunterstützte Entwicklung flexibel automatisierter
Montageprozesse
1988. 56 Abb. 144 Seiten, ISBN 3-540-18799-5   73,- DM

12 Reinhart, G.
Flexible Automatisierung der Konstruktion
und Fertigung elektrischer Leitungssätze
1988, 112 Abb. 197 Seiten, ISBN 3-540-19003-1   73,- DM

13 Bürstner, H.
Investitionsentscheidung in der rechnerintegrierten Produktion
1988, 77Abb. 190 Seiten, ISBN 3-540-19099-6   73,- DM

14 Groha, A.
Universelles Zellenrechnerkonzept für flexible Fertigungssysteme
1988, 74 Abb. 153 Seiten, ISBN 3-540-19182-8   73,- DM

15 Riese, K.
Klipsmontage mit Industrierobotern
1988, 92 Abb. 150 Seiten, ISBN 3-540-19183-6   73,- DM

16 Lutz, P.
Leitsysteme für rechnerintegrierte Auftragsabwicklung
1988, 44 Abb. 144 Seiten, ISBN 3-540-19260-3   73,- DM

17 Klippel, C.
Mobiler Roboter im Materialfluß eines flexiblen Fertigungssystems
1988, 86 Abb. 164 Seiten, ISBN 3-540-50468-0   73,- DM

18 Rascher, R.
Experimentelle Untersuchungen zur Technologie der Kugelherstellung
1989, 110 Abb. 200 Seiten, ISBN 3-540-51301-9   73,- DM

19 Heusler, H.-J.
Rechnerunterstützte Planung flexibler Montagesysteme
1989, 43 Abb. 154 Seiten, ISBN 3-540-51723-5   73,- DM

20 Kirchknopf, P.
Ermittlung modaler Parameter aus Übertragungsfrequenzgängen
1989, 57 Abb. 157 Seiten, ISBN 3-540-51724   73,- DM

21 Sauerer, Ch.
Beitrag für ein Zerspanprozeßmodell Metallbandsägen
1990, 89 Abb. 166 Seiten, ISBN 3-540-51868-1   78,- DM

22 Karstedt, K.
Positionsbestimmung von Objekten in der Montage-
und Fertigungsautomatisierung
1990, 92 Abb. 157 Seiten, ISBN 3-540-51879-7   78,- DM

23 Peiker, St.
Entwicklung eines integrierten NC-Planungssystems
1990, 66 Abb. 180 Seiten, ISBN 3-540-51880-0   78,- DM

24 Schugmann, R.
Nachgiebige Werkzeugaufhängungen für die automatische Montage
1990. 71 Abb. 155 Seiren, ISBN 3-540-52138-0   78,- DM

25 Wrba, P
Simulation als Werkzeug in der Handhabungstechnik
1990, 125 Abb., 178 Seiten, ISBN 3-540-52231-X   78,- DM

26 Eibelshäuser, P.
Rechnerunterstützte experimentelle Modalanalyse
mitells gestufter Sinusanregung
1990, 79 Abb., 156 Seiten, ISBN 3-540-52451-7   78,- DM

27 Prasch, J.
Computerunterstützte Planung von chirurgischen Eingriffen
in der Orthopädie
1990, 113 Abb., 164 Seiten, ISBN 3-540-52543-2   78,- DM

28 Teich, K.
Prozeßkommunikation und Rechnerverbund in der Produktion
1990, 52 Abb., 158 Seiten, ISBN 3-540-52764-8   78,- DM

29 Pfrang, W.
Rechnergestützte und graphische Planung manueller
und teilautomatisierter Arbeitsplätze
1990, 59 Abb., 153 Seiten, ISBN 3-540-52829-6   78,- DM

30 Tauber, A.
Modellbildung kinematischer Stukturen
als Komponente der Montageplanung
1990, 93 Abb., 190 Seiten, ISBN 3-540-52911-X   78,- DM

31 Jäger, A.
Systematische Planung komplexer Produktionssysteme
1991, 75 Abb., 148 Seiten, ISBN 3-540-53021-5   78,- DM

32 Hartberger, H.
Wissensbasierte Simulation komplexer Produktionssysteme
1991, 58 Abb., 154 Seiten, ISBN 3-540-53326-5   78,- DM

33 Tuczek H.
Inspektion von Karosseriepreßteilen auf Risse und Einschnürungen
mittels Methoden der Bildverarbeitung
1991, 125 Abb., 179 Seiten, ISBN 3-540-25062-X   78,- DM

34 Fischbacher, J.
Planungsstrategien zur strömungstechnischen Optimierung
von Reinraum-Fertigungsgeräten
1991, 60 Abb., 166 Seiten, ISBN 3-540-54027-X   78,- DM

35 Moser, O.
3D-Echtzeitkollisionsschutz für Drehmaschinen
1991, 66 Abb., 177 Seiten, ISBN 3-540-54076-8   78,- DM

36 Naber, H.
Aufbau und Einsatz eines mobilen Roboters mit
unabhängiger Lokomotions- und Manipulationskomponente
1991, 85 Abb., 139 Seiten, ISBN 3-540-54216-7   78,- DM

37 Kupec, Th.
Wissensbasiertes Leitsystem zur Steuerung flexibler Fertigungsanlagen
1991, 68 Abb., 150 Seiten, ISBN 3-540-54260-4   78,- DM

38 Maulhardt, U.
Dynamisches Verhalten von Kreissägen
1991, 109 Abb., 159 Seiten, ISBN 3-540-54365-1   78,– DM

39 Götz, R.
Stukturierte Planung flexibel automatisierter Montagesysteme
für flächige Bauteile
1991, 86 Abb., 201 Seiten, ISBN 3-540-54401-1   78,– DM

40 Koepfer, Th.
3D- grafisch-interaktive Arbeitsplanung – ein Ansatz
zur Aufhebung der Arbeitsteilung
1991, 74 Abb., 126 Seiten, ISBN 3-540-54436-4   78,– DM

Die Bände sind im Erscheinungsjahr und in den folgenden drei Kalenderjahren
zu beziehen durch den örtlichen Buchhandel
oder durch Lange & Springer, Otto-Suhr-Allee 26-28, D–Berlin 10

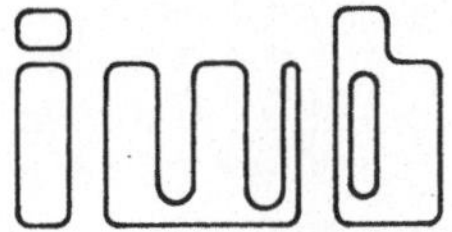

Forschungsberichte · Band 41

**Berichte aus dem
Institut für Werkzeugmaschinen
und Betriebswissenschaften
der Technischen Universität München**

Herausgeber: Prof. Dr.-Ing. J. Milberg